安心家庭

生活中来的
生活窍门

张春红 ◎主编

黑龙江科学技术出版社
HEILONGJIANG SCIENCE AND TECHNOLOGY PRESS

图书在版编目（CIP）数据

生活中来的生活窍门 / 张春红主编 . -- 哈尔滨：
黑龙江科学技术出版社，2018.5
（安心家庭）
ISBN 978-7-5388-9613-8

Ⅰ.①生… Ⅱ.①张… Ⅲ.①生活－知识 Ⅳ.
①TS976.3

中国版本图书馆 CIP 数据核字 (2018) 第 058806 号

生活中来的生活窍门

SHENGHUO ZHONG LAI DE SHENGHUO QIAOMEN

作 者	张春红	
项目总监	薛方闻	
责任编辑	梁祥崇 徐洋	
策 划	深圳市金版文化发展股份有限公司	
封面设计	深圳市金版文化发展股份有限公司	
出 版	黑龙江科学技术出版社	
	地址：哈尔滨市南岗区公安街 70-2 号 邮编：150007	
	电话：（0451）53642106 传真：（0451）53642143	
	网址：www.lkcbs.cn	
发 行	全国新华书店	
印 刷	深圳市雅佳图印刷有限公司	
开 本	685 mm × 920 mm 1/16	
印 张	13	
字 数	180 千字	
版 次	2018 年 5 月第 1 版	
印 次	2018 年 5 月第 1 次印刷	
书 号	ISBN 978-7-5388-9613-8	
定 价	39.80 元	

序 言

PREFACE

把繁琐的家事变成生活乐趣

生活就是在琐碎繁杂的家务事中品味平凡的幸福与安宁。面对生活，衣食住行、柴米油盐，都要一招一式地应对，想要处理得妥帖周到，就需要掌握科学实用的生活技巧和窍门，为自己和家人创造优良健康的生活。

俗话说"高手在民间"。在平凡生活中，有这么一群生活达人，在工作小问题中、在生活中积累了无数经验和窍门，用以能解决生活中的各种小问题。这些窍门从生活中来，是人们在日常生活中经过摸索或验证的宝贵技巧和经验，有着很高的实用价值，能轻松解决困扰你许久的麻烦。小窍门贵在巧妙、简便，可以让我们少走弯路，巧妙地将繁杂琐碎的事务简单化，省时、省力、省心又省钱。

用科学知识丰富和指导日常生活，用美和艺术来装扮生活。《生活中来的生活窍门》就是基于此理念编写而成的。全书内容丰富准确、资料翔实、图文并茂。它用通俗的语言、简单有效的形式，为广大读者详细地介绍了现代生活中需要的各种小常识、小经验、小窍门、小技巧。全书分为四部分：健康篇、厨房篇、居家篇和服饰篇，内容包括常见病防治、养生保健、美容养颜、食物选购、食物清洗、食物储存、食物制作、健康饮食、居家选购、居家装修、清洁卫生、物品收纳、家用节能、服饰选购、服饰搭配、衣物清洗、衣物熨烫等。

本书是一部汇集无数生活达人全新家务事的智慧宝典，这些绝招和窍门经过反复验证，是宝贵的生活经验和智慧的结晶，现在分享给读者，让更多的人在最短时间内成为生活达人，从此把繁琐变为简单，把麻烦变成乐趣。

张春红
2017 年 10 月

目　录

CONTENTS

Part 1　健康篇

家庭急救窍门

常见病防治

养生保健

Part **2** 厨房篇

食物选购

食材清洗

食物储存

食物制作

健康饮食

Part 3

居家篇

居家选购窍门

居家装修窍门

清洁卫生

物品收纳

节能环保

Part 4 服饰篇

服饰选购

Part

1

健康篇

　　调查显示，大部分国人对家庭急救和健康养生知识还不太了解和重视，当意外发生或者病痛出现时，无法采取正确的救治措施，会错失最佳治疗时机，从而产生各种健康问题。

　　为此，我们专门收集了数十种家庭常见意外伤害急救和病症处理的窍门，希望能使患者在未到达医院前得到及时有效的救治和调理，减少患者的痛苦。

　　请注意：所有急救方式方法仅限于应急救治，此后患者必须到正规医院接受治疗。

家庭急救窍门

1 怎样处理意外伤口

生活中难免磕磕碰碰，我们要学会处理一些小伤口，以降低感染和恶化的风险。家庭中怎样简单处理伤口？

清洁伤口：先用流动的生理盐水冲洗伤口，再用干净的布蘸着肥皂水擦洗伤口周围的皮肤。注意别把肥皂水弄到伤口里，否则会刺痛皮肤。然后再使用纱布或是镊子把伤口里的脏东西清理干净。

止血：流血可以帮助清洁伤口，小一点的伤口很快会自动止血。如果想要快速止血，最好用干净的布包住有硬度的东西，来压迫创口。如果伤口在四肢

上，把受伤的部位抬高，相对高于心脏，血会慢慢止住。

难以止血时，可使用绷带：用硬物压迫超过 10 分钟，仍未止血的话，就应该使用绷带或者干净的布料包扎。找不到绷带，可用干净的布料暂时包扎，随后有条件的时候换成医用绷带。切记要每天更换纱布，并保持干燥、清洁。

去医院处理：如果血流速度很快，很难止住，或者怀疑有骨折、扭伤、内出血等严重伤，就要及时就医。有些时候，伤口不大，出血不多但很深，比如被铁丝扎伤，也要去医院处理，并打破伤风针，以免造成感染。

◎处理伤口时，一定要先冲洗消毒，并保持伤口干燥，以免伤口处发生感染

提供者：广州市刘子妍，护士

2 烧烫伤如何急救

烧烫伤是生活中常见的意外伤害，除了皮肤损伤之外，严重烧烫伤还可引起全身性的反应，发生休克和感染，从而危及生命。

如果是小面积的烫伤，可用冷的清水局部冲洗、浸泡伤处，起到止痛和消肿的作用。若是烧伤，应快速脱去燃烧的衣服，或者就地翻滚，或者用水喷洒着火的衣服。

若是一般的烧烫伤，可多次少量口服淡盐水，以补充盐和水分，疼痛剧烈可服止痛片。中度以上烧烫伤须及时送医院。

3 异物入眼如何急救

日常生活中，异物入眼可引起不同程度的眼内不适感，轻者导致视力下降，重者可致视力完全丧失。

异物入眼时，勿用手揉擦眼睛，以免异物擦伤眼球，甚至使异物陷入眼球组织内。应闭眼休息片刻，等到眼泪大

◎异物入眼后，切忌用手或手帕揉擦，以免眼结膜和角膜受到损伤

量分泌，睁开眼睛眨几下，泪水可将异物冲洗出来。或者将头浸入水中，在水中眨几下眼睛，这样也能把眼内的异物冲出。

如果以上各种冲洗方法均不能将异物冲出，可自己或请旁人翻开眼皮，用棉签蘸干净的水，轻轻地将异物擦洗出来。异物入眼严重者，须到医院就诊。

4 异物入耳如何急救

异物入耳，即异物塞进外耳道。异物分非动物性异物和动物性异物两种，前者指豆类、纸片等物体，后者指小昆虫等。

如果虫子在左耳，就用右手紧按右耳；如果虫子在右耳，就用左手紧按左耳，这样可以促使虫子倒退出来。还可以用手电筒照射耳内，把虫子引出来。

豆粒、沙土、煤渣等固体异物入耳后，可让患者患耳侧向下，用手轻轻拍击耳郭，使其掉出。如果是铁屑等异物入耳，可试用细条形磁铁伸入耳道内将其吸出。异物入耳严重者，须到医院就诊。

提供者：成都市博雅新城，韩倩，幼师

5 食物中毒如何急救

食物中毒多数表现为肠胃炎的症状，并和食用某种食物有明显关系。

如果在食物吃下去的1~2小时内发生食物中毒现象，此时可采取手指压住舌根催吐的方法，把食物吐出来。如果吃下去的中毒食物时间已超过2小时，但精神较好，则可服用泻药，促使中毒食物尽快排出体外。如果是吃了变质的鱼、虾、蟹等引起的食物中毒，可取食醋100毫升，加水200毫升，稀释后一次服下。中毒急救后，必须到医院就诊。

提供者：绍兴市陆伊雅，行政文员

6 酒精中毒如何急救

亲朋欢聚，难免举杯庆祝。然而，若无所顾忌，开怀畅饮，很可能酩酊大醉，发生酒精中毒。此时要冷静判断中毒者的生理状态，根据不同的情况采取不同措施。

对于神志尚清醒的轻度中毒者，应卧床休息，注意保暖多饮水，促使醒酒。如果患者出现呕吐，应立刻将其置于侧卧位，让呕吐物顺利流出，防止呕吐物呛入气管。

对于急性酒精中毒的昏迷者，应立即送医院或者呼叫救护车。在等待医生时，让患者置于稳定性侧卧位，应确保其气道通畅，用压舌根的方法进行催吐；密切监视病情，每10分钟检查一次呼吸、脉搏和反应程度并做记录。如出现呼吸骤停，应立即使用心肺复苏术。

◎过量饮酒会导致消化系统、神经系统等多方面损害

7 煤气中毒如何急救

家庭中煤气中毒主要是指一氧化碳中毒，多见于冬天用煤炉取暖，门窗紧闭、排烟不良时。

煤气中毒轻者头痛眩晕、心悸、恶心、呕吐、四肢无力，重者昏迷不醒。一般昏迷时间越长，愈后后遗症越严重，常留有痴呆、记忆力和理解力减退、肢体瘫痪等后遗症。

发现有人煤气中毒时，应立即打开门窗，移患者于通风良好、空气新鲜的地方，并注意保暖；然后查找煤气漏泄的原因，排除隐患。松解患者衣扣，保持呼吸道通畅，清除口鼻分泌物，如发现呼吸骤停，应立即行人工呼吸，同时做心肺复苏。

◎如果家中使用煤炉取暖，感到头晕、心悸、恶心、呕吐、浑身无力，就要警惕是否煤气中毒

8 家庭失火如何急救

家里一旦发生火灾，如果扑救不及时，最终可能导致重大生命和财产损失。

火势较小时，可找到着火点灭火。若家用电器着火，可先立即拉电闸，以免发生触电，再用湿棉被或湿衣物将火压灭；液化气罐着火，可用浸湿的被褥或衣物捂住，还可将干粉或苏打粉用力撒向火焰根部，在火熄灭的同时关闭阀门；炒菜时油锅起火，可迅速盖上锅盖，即可灭火。如果家里火势较大，需要逃生时，一定要沉着冷静，用湿毛巾捂住口鼻，身体尽量贴近地面，背向烟火方向迅速离开。

9 药物中毒如何急救

日常生活中，若有人发生药物中毒，不及时处理，会对身体造成很大伤害。可采取以下做法进行急救：

如患者清醒，且中毒6小时以内的，应立即催吐以加快毒物的排出。可让患者大量饮用温水，用手指或者筷子等刺激咽喉，反射性地引起呕吐。

面对昏迷者，禁止催吐，应将患者平卧，头偏向一侧，注意保暖，严密注意患者的呼吸、脉搏，有条件的测量血压的变化。经临时急救后的中毒者应立即送医院进一步救治。

◎药物中毒主要经口进入人体，对人体的危害很大，所以要尽快地处理

10 触电如何急救

触电又称电击伤，是指一定电流、静电通过人体，造成机体损伤或功能障碍，甚至死亡。对于触电者的急救应分秒必争，对于重者应一面进行抢救，一面紧急联系附近医院做进一步治疗。

发现有人触电时应火速切断电源，立即拉下电闸或拔掉插头，或利用干燥的竹竿、扁担、木棍、塑料制品、橡胶制品等绝缘物挑开接触触电者的电源，使触电者快速脱离电源。

未切断电源之前，抢救者切忌用自己的手直接去拉触电者，这样也会导致自己触电。因为人体是导体，极易导电。如触电者仍在漏电的机器上，应赶快用干燥的绝缘棉衣、棉被、竹竿等将触电者推拉开。

确认触电者心跳停止时，急救者要及时做人工呼吸并行心肺复苏术，抢救触电者，如无法抢救，就等专业医生处理。

提供者：南京市林冰华，护士

11 蜂蜇伤如何急救

如果被蜂蜇伤，应引起高度重视，否则有可能导致严重的后果。若蜂毒进入血管，会发生过敏性休克，严重者会

◎被蜜蜂蜇后一定要先用消毒针将其蜂针剔出

导致死亡。

如确认为蜜蜂蜇伤，其毒液多为酸性，可外涂浓度 10% 的氨水或肥皂水；若为黄蜂蜇伤，其毒液为碱性，可外涂浓度 5% 的醋酸，以减轻疼痛。

被蜂蜇伤后，其蜂针会留在皮肤内，必须用消毒针将叮在肉内的蜂针剔出，然后用力掐住被蜇伤的部分，用嘴反复吸吮，以吸出毒素。

如果身边暂时没有药物，可用肥皂水充分冲洗患处，然后再涂些食醋或柠檬汁。万一发生休克，在等待急救中心前来救援的过程中或去医院的途中，要注意保持伤者呼吸畅通，并进行人工呼吸、胸部按压等急救处理。

提供者：深圳市李浩安，急救医生

12 宠物咬伤如何急救

现在越来越多人开始养宠物，也常有人不小心会被猫或狗等宠物咬伤。建议在和宠物交往的过程中，千万别因为一些过激的言行而惹火它们。

被猫、狗抓伤或咬伤后要立即处理伤口。首先在伤口上方扎止血带，防止或减少病毒随血液流入全身。然后迅速用洁净的水对伤口进行清洗，彻底清洁伤口，不要包扎伤口。最后尽快到医院进行治疗。

提供者：深圳市罗湖区，李洁安，兽医

13 昏迷如何急救

昏迷是指患者生命体征存在而意识丧失的病症。发现有人出现昏迷时，用拇指压迫患者的眼眶内侧，观察患者的意识状态，同时注意患者的呼吸、心律、脉搏情况。让患者平卧，松解衣领，去除假牙。将其头部后仰，并偏向一侧，以保持患者的呼吸道通畅，防止窒息。同时联系医院就诊。

14 眩晕如何急救

眩晕是指因机体空间定向和平衡功能失调所产生的自我感觉，是一种运动性错觉。患者会感觉头晕、目眩，难以保持平衡，常伴有恶心呕吐、面色苍白、出冷汗、耳鸣及血压下降等症状。眩晕发作期间要卧床休息，闭目，头部固定不动，并保持环境安静，避免嘈杂吵闹。除适当控制饮水和食盐外，可按医生的指示服药。轻声安慰眩晕患者，能解除患者的恐惧心理，增强患者的信心，对缓解病情有良好的作用。

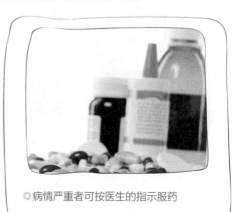
◎病情严重者可按医生的指示服药

提供者：上海市王莹，护士

15 腹痛如何急救

腹痛是一种症状。无论是外科疾病还是内科病，都可能会引起腹痛。腹痛方式、性质和部位都可以反映疾病。

腹痛时，取俯卧位可使腹痛减轻，可用双手适当压迫腹部使疼痛缓解。平卧床上，蜷起双腿，屈膝，放松腹部。如腹部僵硬、压痛明显，则用手指压住疼痛部位，然后猛然抬手。腹痛忌用去痛片。腹痛原因不明时应及时去医院就诊，以免耽误病情。

◎腹痛时伴有发热症状，往往提示有感染，应在医生指导下及时、适量服用抗生素

16 溺水如何急救

溺水是由于大量的水灌入肺部，或遇冷水刺激引起喉痉挛，造成窒息或缺氧。若抢救不及时，4~6 分钟即可导致溺水者死亡。对溺水者进行急救，首先保持呼吸道通畅，立即清除口、鼻内的泥沙、呕吐物，松解衣领、纽扣、内衣、腰带、背带，但要注意保暖；必要时将溺水者的舌头用手巾、纱布包裹拉出，以保持其呼吸道正常通畅。

急救者一条腿跪在地，另一条腿屈膝，并将溺水者腹部横放在大腿上，使其头下垂，接着按压溺水者背部，使其胃内积水倒出，或急救者从后抱起溺者的腰部，使其背向上，头向下，这样也能使水倒出来。

人工呼吸、心肺复苏，这些急救措施在送往医院的途中都不宜停止，应坚持更长时间，直至判定好转或死亡，才能停止。

另外，不习水性者落水后不必惊慌，迅速采取自救——头后仰，口向上，尽量使口鼻露出水面，进行呼吸，不能将手上举或挣扎，以免使身体下沉。

17 头痛如何急救

由于过度疲劳、紧张、受凉、睡眠少，有些人会反复头痛，只有经过适当休息和按摩，才能使不适感得到慢慢缓解或消失。

头痛时，可采取以下方法缓解治疗：应在清静的房间卧床休息，并且保持室内空气流通，多饮开水。无论偏头痛部位在何处，均可用冷水毛巾或热水毛巾敷前额，从而起到止痛的作用。用双手手指按压左右两侧的太阳、合谷等穴位，通常可以减轻头痛症状。原因不明的头痛应到医院就诊，以免影响病情。

◎轻度头痛者可服用止痛药，一般不用休息，如有剧烈头痛，必须卧床休息

18 游泳抽筋如何急救

游泳发生抽筋时，要保持镇定，按动作要领解除症状，千万不可慌张忙乱。自己无法解除时，呼救他人援助。抽筋的处理方法通常可根据产生的部位分别进行。

手指抽筋：将手握成拳头，然后用力张开，张开后再迅速握拳，如此反复数次，至抽筋缓解为止。

手掌抽筋：用另一手掌将抽筋手掌用力压向背侧，并使之做震颤运动。

手臂抽筋：将手握成拳头并尽量屈肘，然后再用力伸开，如此反复数次。

小腿抽筋：这是最常见的抽筋。因

腿脚离心脏远，最易受凉，故易发生过度收缩。小腿抽筋时，先吸一口气，仰浮水面，用抽筋对侧的手握住抽筋的脚趾，向身体方向用力拉动，另一只手压在抽筋腿的膝盖上，保持膝关节伸直。如一次不能解除，可连做数次。

提供者：厦门市李辰坤，游泳教练

19 卒中如何急救

卒中又称脑血管意外。西医学将卒中分为出血性卒中和缺血性卒中两类。高血压、动脉硬化、脑血管畸形常可导致出血卒中，而风湿性心脏病、心房颤动等常形成缺血性卒中。发现有人突然发生卒中，千万不能惊慌失措，应立即呼叫120请求援助。

在救护车到来之前，若患者意识尚清醒，应立即让其取平卧位，并要注意安慰患者，解除其紧张情绪。若患者意识已丧失，不要移动患者，避免患者头部受到震动，让患者安静躺下。然后请急救车送医院救治。

20 腹泻如何急救

患者排便次数增加、粪便稀薄不成形称为腹泻。严重腹泻可致水电解质紊乱、酸碱失衡、脱水，甚至休克。腹泻时应充分补给水分，最好饮用加少量食盐的温开水，也可饮用各种果汁饮料，不可饮用牛奶或汽水。

非感染性腹泻，可服用黄连素等药物；感染性腹泻应服用抗生素药物。呕吐、腹泻明显且严重脱水者，则应迅速将其送往医院救治。

◎腹泻患者应在第一时间查清病因，再对症用药，情况严重者需到医院接受治疗

21 中暑如何急救

夏季长时间受到强烈阳光的照射，长途行走导致过度疲劳或停留在闷热潮湿的环境中，均容易导致中暑的发生。处理中暑的正确办法是：

出现中暑前期症状时，患者应立即撤离高温环境，到阴凉安静处休息，并补充含盐饮料，即可恢复。中暑者昏倒时，将其抬到阴凉处或者空调房内，让其平卧休息，解松或者脱去衣服。然后送医救治。

提供者：广州市周玲巧，护士

◎中暑后不要一次性大量饮水，应采用少量、多次的饮水方法

22 高空坠落伤如何急救

高空坠落伤是指在日常工作或生活中，人从高处坠落所受的损伤。轻者可能只受些皮肉之苦，重者皮开肉绽、流血不止或昏迷不醒。发现有人从高空坠落时，对轻伤者可先将流血伤口进行包扎；对重症患者，应立即联系救护车送医院救治。

23 心肌梗死如何急救

急性心肌梗死是由于冠状动脉粥样硬化、血栓形成或冠状动脉持续痉挛，导致冠状动脉或分支闭塞，促使心肌因持久缺血、缺氧而发生坏死的疾病。

急性心肌梗死发作时，患者应深呼吸，然后用力咳嗽，其所产生的胸压和震动，与心肺复苏术中的胸外心脏按压效果相同。此时用力咳嗽可为后续治疗赢得时间，是有效的自救方法。

患者应安静休息，防止不良刺激。家有氧气设备者可以给其供氧。急救时患者保持镇定的情绪十分重要，家人或救助者更不要惊慌，应就地抢救，让患者慢慢躺下休息，尽量减少其不必要的体位变动。应及时拨打急救电话请求救援。

提供者：广州市周玲巧，护士

24 发热如何急救

很多人身体抵抗力较弱，经常发高热，除了吃退热药，可以尝试用物理方法降温。发热不超过 39℃时，以下办法都有一定效果：

以温水泡澡。用温水（37℃左右）泡澡，可使皮肤的血管扩张，散出体热。每次泡澡 10~15 分钟，4~6 小时 1 次。

以凉毛巾擦拭，即用稍凉的毛巾（约 25℃）在额头、脸上擦拭。

使用冷水枕。体温 38℃以上者可使用冷水枕，从而利用较低的温度做局部散热。

以上方法退热效果很快，在家庭中容易操作和实行。

发热严重者，必须去医院就诊。

◎发热时体内水分流失会加快，应在可行范围内让患者多饮用开水、果汁等

提供者：中山市田小玉，文员

25 心绞痛如何急救

心绞痛是冠状动脉供血不足，导致心肌急剧地暂时性缺血与缺氧所引起的临床综合征。发生心绞痛时，患者应停止一切活动，平静心情，并可就地站立休息，无须躺下，以免增加回心血量而加重心脏负担。取出随身携带的急救药品，如硝酸甘油片，取一片嚼碎后含于舌下，通常2分钟左右疼痛即可缓解。

如果效果不佳，10分钟后可再在舌下含服一片，以加大药量。但需注意，无论心绞痛是否缓解，或再次发作，都不宜连续含服三片以上的硝酸甘油片。若疼痛剧烈且随身带有亚硝酸异戊酯，可将其用手绢捏碎后凑近鼻孔吸入。

26 哮喘如何急救

哮喘病是一种慢性疾病，一年四季均可能发病，以寒冷季节及气候急剧变化时发病率最高。如果有家人患哮喘，掌握一些哮喘急救的常识，可在其哮喘突然发作时，立即给他进行急救治疗，能使病情得到控制。

若遇家人或朋友哮喘发作时，可协助患者采取坐位，以使其膈肌下降，胸腔容积扩大，肺活量增加，减少体力消耗。给患者吸入氧气，以便纠正或预防低氧血症。补充水分，这样可防止因脱水、痰液过于黏稠及痰栓形成而加重气道阻塞。

提供者：武汉市高紫嫦，内科医生

27 呕吐如何急救

呕吐是经口将胃内的物质吐出的一种反射动作。呕吐之前有恶心、上腹不适等症状产生。发生呕吐时，患者宜采取半坐位或侧卧位，切不可仰卧，以免呕吐物被吸入气管。

针刺内关、中脘、足三里等穴位，有减轻恶心呕吐作用；针刺上脘、内关、公孙等穴位，有治神经性呕吐的作用。用冰袋或冷毛巾置于胃部，可以止住恶心、呕吐。

◎孕早期，很多人有孕吐的反应，症状严重的孕妇甚至需要入院治疗

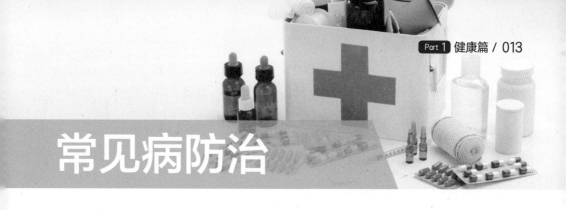

常见病防治

1 冰糖蒸萝卜止咳

一到冬天，很多中老年人就会开始咳嗽，一连数日咳嗽不止，晚上睡不好，吃药也不见好转，病人十分痛苦。有个治咳嗽的偏方，很多人使用后效果很好。

◎白萝卜味辛、甘，性凉，入肺、胃经，为食疗佳品，可以治疗或辅助治疗多种疾病

偏方：取白萝卜适量、白糖100克，将白萝卜洗净切碎，捣汁，加白糖蒸熟吃，用冰糖会更好。临睡前服下，连服3~4天后咳嗽就慢慢减少了。

提供者：哈尔滨杨永丽，退休教师

2 新鲜丝瓜茎汁止咳

有些人一感冒就咳嗽不停。有个止咳偏方就是去菜市买几根丝瓜茎捣汁给病人喝，喝完喉咙会觉得舒服很多。

偏方是将丝瓜茎根部在距地面5厘米处切断，用水杯接丝瓜茎滴下的茎汁，待茎汁流尽，用纱布过滤，每天早晚服1小酒杯，连续服10天，止咳效果明显，有润肺的作用。注意，必须饮用当天的新鲜丝瓜茎汁，效果才好。

提供者：深圳市刘偕文，银行职员

3 用伤湿止痛膏治咳嗽

冬天受风寒得感冒而咳嗽不止，去医院打针吃药也不见好转。有个办法是用伤湿止痛膏在病人喉头下贴一块，10多分钟后咳嗽便可止住。每逢有咳嗽，均可采用此法治疗。

提供者：东莞市张婉芙，家庭主妇

4 香油止咳法

患慢性气管炎多年的人，每到冬天就反复咳嗽，非常痛苦。有个偏方对气管炎患者颇有疗效，即每天早晚各服1小匙香油，长期坚持服用。这一偏方坚持使用一段时间后，咳嗽便停止了，不会再犯。

提供者：上海市李良春，家庭主妇

5 梨酒止咳平喘

肺不好的人常咳嗽，尤其到了干冷的冬季，咳得更是厉害。有种梨酒止咳很灵，做法：梨500克，白酒1000毫升，把梨切成小块，与白酒混合后加盖密封，每天搅拌一次，一个星期后即可服用。每天喝上1杯梨酒，咳嗽可慢慢痊愈，咳喘病不会再犯。

6 橘皮茶叶红糖水化痰

老师、电话客服或者推销员这些职业的从业者，一天工作下来，难免口舌干涩、喉咙痛，有时还会咳出浓痰来。取干橘皮4克、茶叶4克、红糖适量，混合后用适量开水冲泡10分钟，即可饮用。如果工作时能经常饮用，可缓解

喉咙干涩、疼痛。

提供者：深圳市陈萱萱，培训师

7 蒜泥拌冰糖泡水止咳

因患感冒引发的咳嗽，经常会吃药打针治疗后仍不止咳。有个老偏方很有效果：将几瓣大蒜捣烂如泥，然后加入适量冰糖，再用沸水冲泡，温服数次。

此法能缓解感冒引起的咳嗽，起到止咳化痰之效。注意胃病患者空腹时，不宜食用。

◎大蒜具有抗菌、杀毒、消炎、止痒、消肿、理气等功效

提供者：佛山市陈碧华，糕点师

8 蜂蜜姜汤治咳嗽

感冒后期一般都会咳嗽，这时最需要煮上一碗热姜汤缓解咳嗽了。取生姜250克，捣碎，用纱布将汁滤出，按1:1的比例兑蜂蜜，上火煮开后再倒进碗里即可饮用。早晚各服1匙，3~4次后可见效。

◎生姜止咳，但仅限于外感所引起的咳嗽

9 自制葡萄酒可止咳

喉咙不好的人，冬夏都会咳嗽，但不喘，长年吃药都不好。可以试试葡萄泡酒，止咳效果很好。

做法：葡萄、冰糖各500克，白酒（粮食酒）500毫升。葡萄洗净晾干，将葡萄粒（不去皮）和冰糖（研成碎末）放入干净容器内，倒入白酒，封好盖，放置室内。待1个月后打开盖，再将葡萄去皮核，挤榨成汁，拌均匀即可饮用。每天晚上睡觉前服用1次，每次服用量不宜超过25毫升，饮用时和饮用后都不应再吃其他食物。

提供者：深圳市薛玉浩，家庭主妇

10 鲜百合镇静止咳

小孩子身体弱，常咳嗽不止。有个老方子止小儿咳嗽，用3个鲜百合捣汁，用温开水和服，每日2次，喝1周就好了。此法对肺气肿及体弱肺弱者适用。肺热、肺燥者咳嗽时，也可用鲜百合和蜜蜂上锅蒸软，不时地含一片食之，效果也佳。每年鲜百合上市时，可以蒸吃或炒菜吃，滋阴润肺，对身体也很好。

提供者：广州市李秋兰，退休教师

11 枇杷紫苏薄荷止咳

取鲜枇杷叶（药店的陈叶也可）5片，去掉背面绒毛，切成小段，共10克红糖炒热后掺入1500毫升水，煮沸后将10片紫苏叶、15片薄荷叶加进去，再煮3分钟，饮其汤液即可有效治疗咳嗽。

12 罗汉果茶止咳

广西人说，罗汉果是他们当地的灵丹妙药，不管是感冒咳嗽，还是体热嗓子痛，只要冲上一杯罗汉果，立马见效。冲泡方法：将罗汉果洗净，把外壳挖破，连皮带瓤一起放在水杯中，加开水泡至水呈红褐色时服用，1天喝数次，数天即可见疗效。遇到感冒不适，可以泡上1大杯广西罗汉果茶，不时喝几口，可以有效止咳。

◎罗汉果茶清甜可口，易于饮用，还能清火润燥

提供者：南京市施怀珍，中学教师

13 盐水漱口防治感冒

喉咙有点发炎、肿痛，含一大口盐水，保持几分钟，再漱口吐掉。这是防治感冒最简单的方法。用盐水漱口后喉间时常有一丝咸味，喉痛会慢慢缓解。

14 常喝鸡汤预防感冒

经常感冒的人，可以多喝鸡汤增强自身抵抗力，预防感冒。在鸡汤中得加一些调味品，如胡椒粉、生姜。用鸡汤下面条吃，也可以预防感冒。常喝鸡汤补身子的人，几乎很少感冒。

15 食盐水巧治鼻塞

患感冒的人常流鼻涕，导致鼻塞。有个小经验：当察觉到上述现象时，可用微温的食盐水仔细地洗鼻孔，坚持数天，即可治愈，同时还可防治鼻炎。

16 芦荟汁滴鼻治感冒

芦荟中含有芦荟酊和芦荟苦素，有很强的消炎、杀菌、抗病毒功效。生食芦荟鲜叶早晚各6克，并用芦荟汁滴鼻，能缓解流感症状，服用4~5天可痊愈。要注意的是，芦荟叶一次服用不宜超过9克，否则可能引起中毒。

提供者：广州市陈巧慧，家庭主妇

17 烤橘治小儿感冒

每年一到入冬，很多小孩就容易受风寒，感冒反反复复。遇到这种情况，可以给小朋友吃烤橘，感冒次数会少很多。此法是流传很广的老偏方。

做法很简单：将整个带皮橘子用火烤，等橘子冒气有橘香味时，即可取食。吃时去皮，不剥橘络。小儿一感冒就烤橘给他吃，特别有效。

提供者：茂名市高州区，陈诗韵，护工

18 核桃芝麻粥治便秘

常患便秘的病人很痛苦，有时两三天才大便一次，每次大便要在厕所蹲或坐1小时。用了很多方法，吃了很多药都不大见效果。有一个老偏方，每天熬核桃芝麻粥，坚持服用，可以缓解老便秘，有效通便。方法如下：

每日早晚用核桃仁、黑芝麻、松仁，加适量冰糖和少量大米煮成核桃芝麻粥，随早晚餐吃下，有助于缓解便秘。常熬此粥，坚持服用，通便效果很好。

19 多运动多出汗防流感

感冒初起时，站立或取坐姿，两手臂自然下垂，用力向后甩，尽量使两肩胛骨靠拢，并保持几秒。多做几次，就会冒冷汗。隔段时间重复几次，让汗出透，感冒不适的症状就会逐渐消失。

◎初病时，很多人会选择马上睡觉休息，其实适量的运动可以减轻身体的不适

20 菠菜猪血汤治便秘

患有习惯性便秘的人，可以试下吃菠菜猪血汤治疗。

做法：取鲜菠菜500克，洗净切成段；鲜猪血250毫升，切成小块，和菠菜一起加适量的水煮成汤，调味后于餐中当菜吃，每日吃3次，常吃对治疗习惯性便秘十分有效。

提供者：南京市季祝香，退休人员

21 橘子治便秘的方法

将干或鲜橘皮洗净，和茶叶一起沏，每天早晨喝 1 杯，有理气通便的功效。但切勿过量，否则会引起腹泻。

◎橘子营养丰富，还含有大量的粗纤维，具有健胃、清肠、利便等功效

22 芦荟叶可治便秘

饭后生食芦荟鲜叶 3~5 克，也可泡茶、榨汁、泡酒食用，每日 3 次，食用几次可见效。一次不宜超过 9 克，否则可能中毒。

23 水煮白萝卜治便秘

患便秘多年的人，通常吃过很多调养的药，一停就犯，仍常反复。可以试着用水煮白萝卜的偏方，缓解反复性便秘。在市场上买来新鲜的白萝卜，洗净切成小块，用清水煮，每天分早晚 2 次食用，不必加盐，不要煮得太熟太烂为好。众多便秘患者试用，也都取得了十分满意的效果。据他们体验后说，这种吃法的效果是便排得快又彻底，而且定时。

提供者：深圳市李浩安，兽医

24 水煮甘薯治便秘

有病患经常便秘，大便时很痛苦。可试用老偏方来治疗，吃后很快就见效，此法就是多吃甘薯。将甘薯洗净切成块，加入适量的水煮熟，然后用白糖调味，屡试不爽。一般在睡前食用，一吃就灵。

提供者：江门市施晓翠，厨师

25 洋葱拌香油治便秘

很多中老年人常患有便秘，又患有高血压，便秘极容易引发危险。用洋葱拌香油可治便秘，吃后果然通便。做法：买回洋葱若干，洗净后切成细丝，500 克洋葱拌进 75 毫升香油，腌半小时即可，一日三餐当菜吃，一次吃 150 克。常吃这道菜，大便就会通畅。

◎洋葱中含糖、蛋白质及各种矿物质，能促进机体的吸收和代谢等功能

提供者：上海市刘勇波，物业管理员

26 决明子泡茶治便秘

有个治便秘的方子，服用后很灵验，对多年老便秘也有效。其方为：取决明子100克，微火炒（别炒煳），每日取5克，放入杯内用开水冲泡（可加适量白糖），泡开后饮用，每天2~3杯，连服7~10天有效。

决明子还有降压明目的作用，注意血压低的人不宜饮用此茶。

提供者：福州市钟春辉，律师

27 白萝卜姜葱治头晕

老年人时常头晕，有时还伴有恶心、气闷的症状，有一灵验偏方可治：取白萝卜、生姜、大葱各50克，共捣如泥，敷在额部，每日1次，每次半小时，敷数次对头晕很有效。经常敷可有效缓解头晕症状，也不容易复发。

提供者：随州市李采瑜，家庭主妇

28 蛋煮红枣治头晕

取2~3个鲜鸡蛋或1~2个鲜鸭蛋，和50克红枣一起放在砂锅内煮熟，可适当加些白糖或冰糖。每天吃1碗，连吃几次可治头晕。

29 黑芝麻治头晕

45岁的张老师患高血压已久，血压波动大，平时经常头晕，同时伴有失眠、耳鸣、肢麻，一遇烦恼就加重。虽然一直服用降压药、止晕药，但疗效不好。后用黑芝麻调养：将黑芝麻炒熟研碎，每次10~30克，开水调服。张老师服食半月后头目渐清。

30 向日葵头熬汤治头晕

慢性头晕的患者，久治无效，有一中医偏方，可治疗慢性头晕：取向日葵头 1 个，切成块放到药罐里，加适量水，用武火煎，水开后改用文火煎 15 分钟，然后将煎得的水倒入 3 个茶杯中，每天服 1 次，连服 3 天即可。服用一段时间后，头晕症就很少发作了。

◎向日葵头具有清热化痰、凉血止血的功效，对头痛、头晕都有一定疗效

提供者：嘉兴市杨丽，教导主任

31 山药糯米糊治腹泻

将 100 克山药研末，与 500 克糯米粉调匀，每日早晨取 4 汤匙，加适量水与白糖，煮成面糊，当早点食用。久服对慢性腹泻患者疗效较佳，剂量可酌情加减。

32 鸡蛋蘸糖治腹泻

很多人肠胃不大好，有时吃得不合适或受凉，马上就会拉肚子。可试着用鸡蛋蘸白糖治腹泻，效果不错。

方法是把等量的红糖、白糖混合拌匀，放在碟子里，用白水煮3个鸡蛋，趁热剥皮蘸糖吃，尽量多蘸糖。3个鸡蛋一次吃完，即可见效。

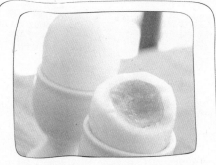

◎鸡蛋富含蛋白质，有较高的营养价值和食疗功效

提供者：深圳市杨静霞，家庭主妇

33 银杏粉治眩晕

头晕症多次治疗也不能治愈，频繁发作，有一老偏方，经验证的确有效。

方法是：取 30 克银杏，去壳研成粉，分成 4 份，早晚饭后各服 1 份，服用 1 周即可好转。此法很见效，很多人的病用这种方法治好了。

注意：银杏有毒，因此不可随意加量，也不可长期服用。

34 泥鳅粥治小儿腹泻

小儿腹泻十分常见，有一治小儿腹泻的法子：将5条活泥鳅剖腹洗净，去刺，与30克左右的粳米熬成粥，加盐即可服用。每日分2次服用，小儿服用后腹泻即止。每回孩子腹泻时，熬一锅泥鳅粥，止泻很见效。

35 口含姜片防晕车

上车前将鲜姜洗净切片，装入塑料食品袋内备用。上车后取出一片放入嘴里含吮，味淡后更换新姜片，可预防晕车。

◎生姜辛而散温，益脾胃，善温中降逆止呕，除湿消痞

36 熟苹果治小儿腹泻

小孩子经常腹泻，面黄肌瘦不长个子，经多次治疗不见好转，时好时犯。遇到这种情况，可以试试吃熟苹果治小儿腹泻。给孩子蒸苹果吃，吃了几次，能收到意想不到的效果，腹泻痊愈了，人也会慢慢胖了起来。

做法：把洗净的苹果放入碗中隔水蒸软即可，吃时去掉外皮，一日3~5次。治疗小儿腹泻初起效果确实好。

提供者：广州市叶芬琪，文员

37 自制药酒治疗腰腿痛

自制药酒，可治好各种腰腿痛。现将此方介绍给需要的朋友，方法：将36枚大红枣、50克杜仲、50克灵芝、375克冰糖用1500毫升高粱酒密封泡制7日即可饮用。酒饮完后可再加1500毫升酒续泡1次。每日早晚空腹各饮1次，每次10毫升左右，酒量大的人多饮一些也无妨，连续饮用，直到疼痛减轻或消失。

提供者：北京市赵欢彤，退休人员

38 柿饼可治风寒性腹泻

夏季，因贪凉吹风或者吹空调过久，就容易患上风寒性腹泻。虽然可以用药物勉强控制住了腹泻，但是肚子里总感觉不舒服。遇到这种情况，可以吃点柿饼，对腹泻有效，一般服用两天后腹泻告愈。做法：取柿饼2只，放置饭锅内蒸熟，然后取出趁热服食，感到有效时再蒸食1~2只，直至痊愈。

◎柿饼柔软甜美，具有润心肺、止咳化痰、清热解渴、健脾涩肠等功效

提供者：东莞市郭佳琪，舞蹈老师

39 中药泡茶治慢性腹泻

得了肠炎，反复腹泻，浑身乏力，还久泻不止，吃西药也不管用，影响健康，十分痛苦。有一偏方，吃上几剂就见效。

偏方：取150克白术、100克芍药，将二药共捣碎和匀。每日20克，沏入开水代茶饮。

40 热盐水治腹痛

肠胃不好，稍微吃生冷的食品就腹泻。方法：用铁勺在火上炒几粒食盐，冲一碗开水服下，不一会肚子就见效。此方经多人试用，都收到了满意的效果。

41 红花透骨草治老寒腿

有个朋友患了老寒腿十多年了，每到冬天腿疼得走不出家门。最近几年，忽然觉得他的腿利索多了，也没再听到他喊腿疼。听他说，这几年他学人家泡药酒热熏双腿，坚持下来很有疗效。

制作方法：取红花、透骨草各50毫升放入盆内，倒2碗水，文火煎半小时后，点上白酒50毫升，趁热放在双腿膝盖下用棉被将双腿盖严，趁热熏腿（千万别烫着）。

秋冬季节每晚临睡前熏1次，持之以恒，定能有效。

提供者：杭州市汪静秋，会计

42 二锅头治腿痛

老年人常犯腿痛病，白天走路疼，夜里疼得睡不着觉，很辛苦。去医院检查多次不见好。有一老偏方，可治好腿痛病。偏方：取小干辣椒（最好是冲天椒）50克、二锅头200毫升，将辣椒浸泡在白酒里，7天后涂抹患处，用2~3次即见效。据说此方治愈了好几位老人。

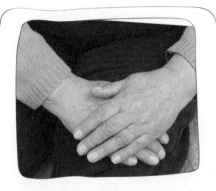

◎腰腿疼痛是中老年人的常见病痛，用泡辣椒的二锅头涂抹，可减轻痛苦

提供者：哈尔滨市、高海云，退休人员

43 枸杞泡酒治腰疼

多年前开始腰疼的病患，后来逐渐加重，以致伸腰弯腰都疼痛难忍，夜里躺床上更是难以入睡，二十年来多次去医院，只能做理疗，虽配合锻炼，结果都不见成效。听说枸杞泡酒治腰疼，抱着试一试的想法饮用，2周就开始见效了，1个月后伸弯腰基本不痛了，3个月恢复了正常。后继饮用了一段时间，现已过去1年多了，没有出现反复。具体方法：用适量枸杞放入白酒浸泡，十几天后即可开盖饮用，每天1小杯。

提供者：大连市杨敬文，促销员

44 莲子心汤治腹痛

取100粒左右莲子心，放在砂锅里加水煮10分钟，所得汤药分2次服用。剩下的莲子心再用开水冲服，1次服完。早晨空腹时喝下效果较好。

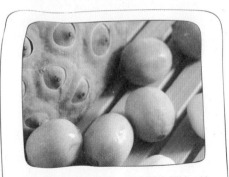

◎莲子性微凉，味甘，具有补中养神、健脾补胃等多种功效

提供者：江门市李佳萍，面点师

45 吃鲜桃可缓解腹泻

夏季炎热，很多人不小心得了急性腹泻，很多天都不好转，很痛苦。有个老偏方，功效很神奇，就是吃个鲜桃，腹泻就会停止。如果发现便溏或腹泻症状时，可在饭前快速吃鲜桃1个，饭中食大蒜1~2瓣，腹泻立止。

◎桃子营养丰富，味道鲜美，具有补益气血、养阴生津的功效

提供者：武汉市田一宁，邮政职员

46 桃仁加酒除瘀血

扭伤了脚，肿得厉害，还有瘀血。可试用一土法子消除伤口瘀血，效果特别好。

方法：将桃核捣开，里面有茶色桃仁，多收集一些桃仁，炒热（不要炒成焦黄色），放入瓶中保存，遇有跌打损伤而造成瘀血时吃4~5粒，加点白兰地酒同服。此法对伤口瘀血的消除确实可行。

47 先冷后热巧治扭伤

先冷疗，后热疗，这是治疗扭伤的好方法。伤后立即实行冷疗（冷水、冰块或冷的湿毛巾敷）可以减轻疼痛，消肿，放松肌肉，控制痉挛。热疗（热水或热的湿毛巾敷）一般在扭伤的灼痛平息后进行，可以减轻疼痛和痉挛，加速伤处的血液循环。但如果一扭伤就采用热疗，便会增加灼痛，甚至造成出血。

48 生姜韭菜治关节扭伤

老年人腿脚不便，时常扭伤或跌伤，留下大片或小块红肿、黑紫，1个多月才能痊愈。现有一好偏方，可治疗扭伤：将生姜切碎和鲜韭菜一起捣烂，外敷在关节扭伤处，并用纱布将其固定。每晚更换1次，通常情况下2~3天以后就可消肿止痛。

中老年人受伤后，用此方疗效特别好，扭伤的地方不久就会好转。

提供者：中山市陈泽草，外贸员

49 冰块治跌打损伤

如果不慎扭伤，一时找不到药物，可以取点冰块缓解伤口的疼痛。深部软组织损伤后，不久就会形成瘀血或瘀肿。如在损伤后立即取柔软的毛巾盖在患处，再在毛巾上放一块家用冰箱制成的冰块，这样刺激后使血管收缩，渗血逐渐减少，就可在一定程度上减轻软组织肿胀。

◎冰敷患处，不仅能减少皮肤出血，还能减轻血肿，并且有良好的止痛功效

提供者：佛山市张盛城，退休人员

50 韭菜末治脚气

有人患脚气多年，常擦脚气灵、脚气水之类的药物，虽有点效果，但都不能根治。在洗脚水里放些韭菜泡脚，每周泡1次，效果很明显，不容易再复发。

方法：取鲜韭菜250克，洗净，切成碎末，放在盆内，冲入开水。等能下脚时，泡脚半小时。水量应没过脚面。1周后再泡1次，此方去脚气效果很好。

51 绿茶治脚气

常用绿茶泡脚防治脚气，效果很不错。绿茶含有鞣酸、茶多酚，具有抑菌作用，尤其对脚气有特效。方法是用绿茶沏开水，泡脚半小时即可。天天泡脚，脚气不会找上门。

提供者：江门市薛思明，律师

52 啤酒治脚气

有人患脚气多年，久治不愈，可试着用啤酒泡脚治脚气，多泡几次，脚气不会再犯。方法是准备一瓶装或两罐装啤酒，将准备好的啤酒倒入盆中，不加水，双脚清洗后放入啤酒中浸泡20分钟后再冲洗。每周泡1~2次。平时也注意勤洗脚，睡前泡脚最好。

提供者：天津市李振国，图书管理员

53 冬瓜皮治脚气

将冬瓜皮熬水，水熬好后凉温，把脚放在冬瓜皮水里泡15分钟，连续泡一段时间，脚气就会好转。

54 黄豆治脚气

有个治脚气的方法，已经过多次实践证明有效。

方法：将150克黄豆打碎，加适量水，用小火约煮20分钟，稍凉后用该水泡脚。该法治脚气效果极佳，脚不再脱皮，而且滋润皮肤。连用数周，对脚气造成的水泡和皮肤溃烂很见效。已介绍给身边的朋友，效果都很满意。

◎黄豆健脾宽中，润燥消水、清热解毒，有益气血、益智安神、美容颜之功效

提供者：南京市陈悦文，中学教师

55 槟榔片治脚气

取槟榔片9克、斑蝥3克、全虫3克、蝉蜕2克、五味子3克、冰片3克，用白酒150毫升密封，浸泡1周后使用。用时将药涂患处，适量即可。涂药后，如患处起泡，用针刺破放水，用纱布包上即可，2~3天即好。此方只供外用，严禁内服，小心感染。

56 喝鲫鱼汤消水肿

有人双腿和双手经常会水肿，早上起来脸肿得特别明显。遇到这种情况，喝鲫鱼汤能消肿。喝了几次汤后，手脚也不容易水肿了。

做法是将鲜鲫鱼剥去鳞，去掉内脏，在鱼腹内放50~100克茶叶，加水清炖，不放任何佐料。食鱼喝汤，几次后可消肿，还能改善容易水肿的体质。

提供者：杭州市贺寒霜，警察

57 牛蛙冬瓜汤治水肿

小宝宝身体不舒服，有点水肿，该怎么办呢。可以试试用牛蛙和冬瓜煮汤消除水肿，服用后宝宝的水肿就消失了。

具体做法：取1只牛蛙，去除内脏

洗净，与 50 克去皮的冬瓜一起熬汤，不加调味品，喝汤吃肉，对小儿水肿很有疗效。

58 韭菜末可消肿

取 100~150 克韭菜，洗净捣碎，用纱布包好搽抹伤痛部位，即有消肿功效。每天搽 2~3 次，一星期即可痊愈。

59 黑豆煮汤消水肿

黑豆有消水肿的疗效，所以常用黑豆煮汤，坚持服用，消水肿效果特别好。

配方：取 85 克黑豆、26 克薏苡仁、26 克甘草，将黑豆微炒，加入薏苡仁、甘草，一起煮浓汤服用，可治水肿。此方经多次使用，消肿疗效好。

◎黑豆性平，味甘，具有消肿下气、活血利水、解毒等功效

60 葫芦水治腿脚水肿

老年人腿脚容易水肿，可用葫芦煮水喝，对缓解脚腿水肿很有效果，而且不容易再犯。

方法：上午取 1 个葫芦（高 15 厘米、肚径 10 厘米左右），将葫芦子取出后洗净，放入 20 厘米的锅内，注满清水，煮开锅后再用微火煮半小时。取出葫芦，水晾温后不加糖，1 次喝完。下午再用这个葫芦煮水，再喝 1 次。连服 3 天即见效。

提供者：南京市郜安石，退休人员

61 红枣百合粥治失眠

有人失眠多年，有时到深夜一两点钟还难以入睡，吃各种镇静药也无效果，很痛苦。有个食疗方，红枣百合粥，用后效果很好。此方如下：百合 20 克，红枣 20 枚，绿豆 50 克，大米 50 克。先将绿豆煮至半熟，放入百合、红枣和大米，再煮成粥，早晚各喝 1 次即可。自从吃了红枣百合粥后，每晚睡得很好，睡眠质量改善了许多。

提供者：杭州市刘同垒，离休干部

62 枸杞泡蜂蜜治失眠

失眠,可以让患者痛不欲生,大部分人试了好多方法进行治疗都收效甚微。试用枸杞治失眠很见效,服用1个多月后,睡眠质量就会相当好。

每次取饱满新鲜的枸杞,洗净后浸泡于蜂蜜中,1周后每天早、中、晚各服1次,每次服枸杞15粒左右,并同时服用蜂蜜。枸杞是好食材,天天吃,就不会再受失眠的困扰。

63 香蕉催眠

失眠者若在睡前吃些香蕉就容易入睡,因为香蕉含糖量高,可以催人入眠。

64 龙眼茶酸枣水催眠

失眠不能吃药,会有不良反应,有个失眠的小诀窍是多吃龙眼,有效又可行。每晚用15克龙眼肉、10克酸枣仁泡开水1杯,于睡前当茶饮用,7天为一个疗程。服用后能使人安神入眠,精神转好,记忆力也有所加强。

65 绿豆枕治失眠

有些人睡觉时常常做梦,容易惊醒,有时甚至失眠,生活质量很差。建议做绿豆枕来用用,结果效果不错。具体方法:取花椒半斤、菊花2斤、鲜绿豆5斤,拌匀了装入布袋,做成1个绿豆枕。有人当晚枕着睡觉,竟睡了6小时。从此枕着绿豆枕睡觉,失眠现象就会再也没有了。

提供者:深圳市刘秋巧,校对员

66 空腹喝蜂蜜水降血压

人年纪大了,身体不如以前,就容易得三高。每天早晨起床后,冲一杯蜂蜜水空腹饮用,长期坚持,对三高的防治疗效很好。空腹服用蜂蜜的法子是老偏方,受到很多人追捧。长期坚持,可以使血压一直保持正常水平。

患高血压的中老年朋友不妨试试在

◎蜂蜜中含有大量的钾元素,钾元素有排钠的作用,能维持血液中电解质的平衡

每天早晨空腹饮蜂蜜 30~50 毫升，3 个月后保证有显著疗效。

提供者：宣都市钟喻文，秘书

67 花生浸醋降血压

患高血压多年的人，每日要服降压药控制血压。后经人推荐吃花生降血压，结果血压恢复到正常。

做法：用花生米（带红衣）浸醋1周，酌加红糖、大蒜和酱油，密封1周（时间越长越好）。早、晚适量食用，2周后血压会下降，配上日常降压药，效果更好。

◎花生能补气，润肺，健脾，开胃，适宜高血压、高脂血症患者食用

68 决明子茶缓解高血压

得高血压的人，一到冬天又冷又干时就发作，头痛晕眩，非常难受。去过不少医院，也吃了不少药，效果都不好。可用决明子茶治高血压，在天冷之前做来喝，坚持饮用，疗效很不错。

方法：准备决明子 250 克，蜂蜜 3 克。将决明子放入杯中，用沸水冲泡，再加入蜂蜜，代茶饮用，1 天 2~3 次。本方可有效治疗高血压引起的头痛、目昏等症。

提供者：南京市高海龙，退休人员

69 蒸山楂肉可降血压

高血压几十年，血压一高就头痛、失眠多梦，严重时还伴有头晕现象。后经一老中医提供一偏方，效果还不错。

偏方：取 12 颗山楂洗净，放入锅中蒸 20 分钟，熟后将山楂子挤出留山楂肉。分别在早、中、晚饭时吃 4 颗山楂，长期服用，有显著降压效果。一般食用半个月后，血压检测就接近正常范围。

提供者：惠州市郭婉琳，公务员

70 苦瓜水降血压

患了高血压，服药可以控制，但血压还是时高时低，很不稳定。遇到这种情况，可试用一老偏方，食苦瓜可治愈。做法：每天将 250 克苦瓜洗净，去子切碎，放入砂锅内，加水煎半小时后分成 2 杯，午饭、晚饭前各服 1 杯。很多人用此方，疗效都十分明显，血压基本得以控制。

◎苦瓜具有清热解暑、祛火散热的功效，同时还有降低血压的作效

提供者：武汉市叶科文，审计

71 芹菜汁加冰糖降血压

取 200 克新鲜芹菜，洗净后捣出半杯汁加冰糖炖服，每晚睡前服，持续 10 天左右，即可产生显著降压效果。

72 山药粥降血压

有人患高血压，服药效果也不见好，后经人介绍一偏方，取两根鲜山药洗净切块，与适量粳米一同水煮为粥食用。食用1周后，血压基本恢复正常，精神不错。

提供者：中山市王紫霞，出纳

73 吃鲜藕降血压

取 1000 克鲜藕切碎、500 克芝麻压碎，然后和 400 克冰糖放在一起，加入适量的水蒸熟，待凉后即可食用，每天 1 次，对高血压有显著的疗效。

74 姜汁治哮喘

小孩子得了哮喘，看过很多医生，无数次的吃药打针还是没好转起来。做父母的非常着急，有一偏方效果不错：将嫩鲜姜切碎放入盆内，把背心浸入姜汁内（浸得越透越好，盆内不放水，要完完全全是姜汁），待几天后完全浸透，再取出阴干。在秋分前一天穿上背心，直至第二年春分时再脱掉。为了清洁，给小孩浸了 2 件换着穿，试用此法很灵验，发病次数就会变少。

75 葡萄泡二锅头治哮喘

前几年因连续感冒、咳喘，引发气管发炎得了哮喘，服用中西药全不见效。

有一个灵验的偏方：将500克葡萄、100克冰糖浸泡在500毫升二锅头中，并把瓶口封好，放在阴凉处存放20天后饮用。饮用时间为每天早上（空腹）和晚上睡觉前，每次饮用量为20毫升。如此长期坚持服用，哮喘病就会很少发作。

◎少量饮用葡萄酒不仅可以防治哮喘，还有助消化、减肥、利尿等功效

提供者：佛山市南海区，林佳怡，家庭主妇

76 蜂蜜黄瓜子治哮喘

患了哮喘，干咳胸闷，吃药打针不见好。有一偏方用后见效。

偏方：取蜂蜜、黄瓜子、猪板油、冰糖各200克，将黄瓜子用瓦盆焙干研成细末去皮，与蜂蜜、猪板油、冰糖放在一起用锅蒸1小时，捞出板油肉筋，将余下的混合液装在瓶中。从数九第一天开始，每天早晚各服1匙，温水冲服，食后疗效很好。

◎哮喘是影响人们身心健康的重要疾病，治疗不及时会引起严重后果

77 蒸汽疗法治气管炎

把屋子门窗闭合，让患者坐在屋内，再在屋内烧一大锅水，让水一直沸腾，直至墙壁上凝结水珠为止，连续做三四天。注意，治疗时家中其他人要随时观察，以防出现意外。

提供者：苏州市郑双华，工程师

78 蜂蜜泡蒜治气管炎

家里的老人喜欢在立秋时用蜂蜜泡蒜，味道很好，据说可以拿来治慢性气管炎。方法：60~90 头春天起蒜时的嫩蒜洗净，用蜂蜜浸泡封好后保存 6 个月。待秋冬时打开食用，每天吃 1 头。

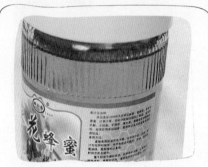

◎蜂蜜中富含B族维生素和酶类，能减少机体对细菌毒素的吸收

79 香油蜂蜜治气管炎

患上气管炎，咳嗽痰多，吃药打针不见好，天一冷就很严重。后经老中医介绍得知一偏方，效果很好，特献此方。

取蜂蜜、香油各 125 毫升，用铁锅先把香油煮开，然后倒入蜂蜜煮开即可食用。每天喝 3 次，每次 1 汤匙，喝数日即有显著疗效。香油是一种不饱和脂肪酸，人体服用后极易分解、排出。它可促进血管壁上沉积物的消除，有利于

胆固醇代谢。

提供者：惠州市林依珍，服装店主

80 龙眼红枣治支气管炎

有人患了慢性支气管炎，多次住院都未能去根。

有一老偏方治慢性支气管炎：将龙眼肉、大红枣、冰糖、山楂同煮成糊状（其中以大红枣为主，龙眼肉 1 个冬天 900 克左右，冰糖、山楂适量即可），早晚各吃 1 小碗。

长期服用此方，不仅能缓解慢性支气管炎的咳嗽症状，偶尔感冒时也很少咳嗽了。

提供者：黄山市黄瀚文，手机工程师

81 蜂蜜治气管炎

有个蜂蜜治疗气管炎的祖传偏方，一般病患照着偏方长期服用，效果都会不错。

取 2 枚酸石榴（约 500 克），洗净去掉榴蒂，将石榴掰碎连皮带子一同放入药锅，兑 100 毫升蜂蜜，加水没过石榴，用文火炖（不可煎熰），待水分蒸

发干、石榴熬成膏状起锅，将石榴盛入洁净的大口瓶中，每日服用数次，每次2小匙，久服见疗效。

注意，若食用时有酸涩味，可适当添加蜂蜜。年老体弱者要慎服。

提供者：哈尔滨市孟羊，物流员

82 南瓜治糖尿病

取100克绿豆洗净，将2千克去子带皮的南瓜洗净后切块，与绿豆一起下锅，加水至没过南瓜，一同煮熟即可。食用南瓜绿豆汤，能起到改善糖尿病、通利大便的作用，并能代替主食，是一种比较好的食疗方法。

◎南瓜富含南瓜多糖，南瓜多糖能促进细胞因子生成，提高机体免疫功能

83 黑豆治糖尿病水肿

患糖尿病很久的人，会并发下肢水肿。有一个治糖尿病水肿的偏方：将黑豆洗净煮熟（直到豆汤熬完）后晒或烘干，磨成粉，每次服10克，每日3次。一般服5天就见效，服10天后水肿基本消失。

医生说黑豆对胰腺分泌功能有刺激作用，能促进胰岛素的分泌，从而使血糖下降。糖尿病患者可适当地多食用一些黑豆。

◎黑豆能促进人体内胰岛素的分泌，因此能够降低血糖

提供者：北京市汪静波，行政

84 萝卜汁降血糖

有人夜间醒来时总感觉口渴、舌干、尿频，去医院检查出得了糖尿病。一开始吃药物，病情有些缓解，但尿糖指标始终下不来。有个糖友推荐的老偏方：将新鲜萝卜（最好是红皮）洗净，捣烂取汁，不加热，不加作料。每天早晚各服100毫升，15天为1疗程，长期服用，对缓解各期糖尿病症状及降低血糖、尿糖都有效果。

提供者：大连市徐雷易，物业管理员

85 芦荟叶治糖尿病

间断性服用芦荟鲜叶，能净化血液，软化血管，促进血液循环，改善糖尿病。注意，芦荟叶1次服用不宜超过9克，否则可能中毒。

86 芦荟汁能治外伤

用芦荟汁治疗烫伤特别有用，小时候若遭遇烫伤晒伤，家里的老人都会用芦荟涂在伤口上，效果很好。至今每逢暴晒后，皮肤长了水泡，抹搽芦荟汁，水泡很快就会消失。皮肤被锐物扎伤、碰伤后，用芦荟汁涂抹也可消炎止痛。

87 鱼肝油可治外伤

鱼肝油含有丰富的维生素，是滋补健身之佳品。它还是外科妙药，具有生肌长肉、愈合伤口的良好疗效。具体用法：对新伤口先进行常规灭菌消毒处理，已溃伤口先进行彻底排脓清创处理，然后将市售浓缩鱼肝油丸剪破，用鱼肝油汁浸盖创面，1~2天伤口即能愈合。用量视伤口大小而定，以鱼肝油汁完全覆盖伤口为宜。

88 橘皮膏治烧烫伤

把鲜橘子皮放入玻璃瓶内，拧紧瓶盖，橘子皮沤成黑色泥浆状即成橘皮膏。烫伤时，在患处涂上橘皮膏即可，有一定疗效。橘子皮最好1年一换。

◎橘子皮富含多种维生素和挥发油，涂抹在创口上，能阻止细菌生长

89 蜂蜜涂伤口治烧烫伤

不慎把手烫伤了以后，皮肤红红的，火辣辣地疼。拿瓶蜂蜜抹上烫伤的地方，连抹几次烫伤的部位会慢慢好转，几天后就痊愈了。小面积轻度烧伤或烫伤，用生蜂蜜涂创面，可减轻疼痛，减少液体渗出，控制感染，促进伤口愈合。

方法是先消毒处理烧伤处，然后用消毒棉签或干净毛笔蘸清洁生蜂蜜，均匀地涂在创面，创面不必包扎，冬天要注意保暖。烧伤初期每日可涂 3~4 次，待形成焦痂后可改为每日涂抹 2 次。如果焦痂下积有脓液，应先将焦痂揭去，待清洁创面后再涂蜂蜜，这样可以加快伤口愈合。

提供者：广州市黄晓丹，医师

90 凤仙草治毒虫咬伤

夏季天气炎热，在外面乘凉或者活动，被毒虫咬伤了，皮肤上会红肿，瘙痒难耐。

取凤仙草一株，把根部的泥土洗净，然后放在木板上砸碎，再把汁液和碎株一并敷在伤口上，用塑料布包住，大约 10 分钟后再换一株新砸的凤仙草，换

3~4 株可好转。涂抹后伤口慢慢就不痒了，2 天后几乎看不见红肿和伤痕。凤仙草在野外很常见，不小心被毒虫咬伤可以用此法试试。

提供者：湖北省徐淑仁，中医师

91 油浸鲜葵花治烫伤

用干净玻璃罐头瓶盛放小半瓶生菜籽油，将鲜葵花（向日葵盘周围的黄花）洗净擦干，放入瓶中，像腌咸菜一样压实，直至装满为止，如菜籽油不足可再加，拧紧瓶盖放阴凉处，存放 2 个月即可使用。存放时间越长越好。

使用时，一般需再加点生菜籽油，以能调成糊状为度，将糊状物擦在伤处，每天 2~3 次。轻者 3~5 天可见效，重者 1 周可见效，且不留伤痕。

92 槐树豆治黄水疮

将秋后的槐树豆采摘下来晾干，放在瓦片上用火焙焦，碾碎，再用香油调匀成泥状。使用前，先用盐和花椒（多少不限）煮水，待水温热后清洗患处，边洗边揭掉黄水痂，然后涂上调匀的槐树豆泥，1~2 次就可痊愈。

93 西瓜皮灰治黄水疮

孩子头上长满了黄水疮，疮口流出黄水，经多方治疗效果不佳。后经农村一老者介绍一偏方：将西瓜皮晒干，烧成灰，用香油调成糊状涂于患处，每天坚持涂药，数日后疮痂脱落，逐渐痊愈。用了此方，没想到仅1周就好了。民间老偏方还是很有用的。

提供者：武汉市周建文，中医护理师

94 生黄豆糊治黄水疮

小朋友周身患黄水疮，吃药打针，用草药洗都不见好。后听说生黄豆治黄水疮效果很好，试着用这个偏方治疗，半个月后疮就消失了。方法：先用消毒棉签蘸生理盐水洗患处，洗掉痂，再将适量净生黄豆嚼成糊状，外敷患处。每日1次，连敷2~3日，渗液止，疮面干，渐愈。此方经亲身实践，疗效不错。

95 柏树叶除疖

将柏树叶剪碎放碗里捣烂，然后放入鸡蛋清，搅成糊状，把整个疖子都抹上药，但要露出疖子头。柏叶糊干后，剥离下来，反复几次，脓就可拔出来了。

96 苦瓜泥除疖

皮肤上长了疖子，红肿一片，疼痛难忍，可用苦瓜泥治疗。

方法：将苦瓜3~5条洗净，连叶茎、瓜瓤一起捣烂成泥状，外敷在疖子上面，每日2次，连续数日，疖子可消失。此法很多人用于治疗疖子，很简单很实用。

◎苦瓜味苦，性寒。有清热解毒、明目之功效

97 杨树条治痔疮

将当年生的杨树条，剪成7~10厘米长，共20条，放在锅里，加水2500~4000毫升煮至水发红为止，然后立即倒入新盆内，用蒸汽熏蒸肛门，待水不烫手时，用水洗患部即可。

98 韭菜汁熏蒸治痔疮

曾患痔疮，久治不愈，给工作和生活带来了很多麻烦。后来从朋友那拿到了一个偏方，叫作韭菜汁熏蒸治痔疮，用了之后3周就见效了，效果很好。做法：用90℃的开水放置到1.5升的饮料瓶中，用大约10克的韭菜，之前要先洗净韭菜，把韭菜放置到瓶中，闷两分钟左右，打开瓶盖后，把它对准痔疮熏蒸约15分钟，等到水温降至60℃时，再用温水清洗肛门。

提供者：惠州市惠东区，周燕妮，会计

99 姜水治外痔

曾患很严重的外痔，患处如针刺般疼痛，多方治疗未能痊愈。偶得一偏方，

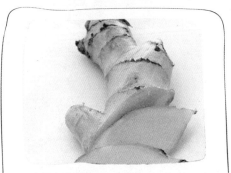

◎生姜含有挥发油，将其煮水外用时对各种细菌有明显的抑制作用

用姜水洗肛门可治好。方法：取鲜姜适量，将其切成薄片，放在容器内加水烧开。待姜水凉至不烫手时，泡洗患处。每日洗3~5次，每次洗5分钟即可。连洗了1周，病好后不再复发。

提供者：杭州市唐雪晴，室内设计师

100 马齿苋治痔疮

将鲜马齿苋洗净，去根，把茎叶一起捣烂，晚上睡觉前敷贴在肛周患处并固定，晨起后用温开水洗净，保持肛门周围的清洁卫生。

101 芝麻花叶防冻疮

北方冬天天气寒冷，一不小心，十根手指都会生冻疮，看上去又红又肿。听说芝麻花叶治冻疮，试用后至今冻疮未再复发。做法：取鲜芝麻叶和芝麻花各适量，放在生过冻疮的皮肤上，搓擦约20分钟，1小时后再用清水洗净，反复几次，来年不会再生冻疮。

提供者：大连市周海翠，导游

102 热橘皮治冻疮

到北方生活，不习惯北方寒冷的天气，手脚上就会生冻疮，痒得难受。

有北方的朋友分享了一个偏方：鲜橘皮（或芦柑皮）放在烧水或煮饭时的金属盖上，待橘皮发热时（不会烫伤皮肤的温度）贴在冻伤处按摩片刻，不停地换热橘皮擦至患处发热为止，以不能擦破皮肤为度。需注意，已经溃破者不适宜用此法。

提供者：天津市黄梦云，中医师

103 白萝卜治冻疮

有一个专治冻疮的好法子，已分享多位身边朋友，效果都很好。方法：取白萝卜1个、生姜少许，切片放锅里煨煮，待白萝卜片烂后将汤倒出。待萝卜汤温度合适时，对患部洗敷5~10分钟，5~7次即可好转。久受冻疮折磨的朋友可试一试，很快见效。

提供者：长春市钟建丽，幼师

104 红花膏治冻疮

取红花50克、金银花20克，放入水中煎煮，煮开后除去渣再用小火将其熬成膏状，然后将其涂于患部，并用纱布包扎好，每日更换，数日即可痊愈。

105 樱桃防治冻疮

将250克鲜樱桃（樱桃干也可以）泡入一瓶二锅头酒中，浸泡5~7天即可使用。使用时，先将患处洗净，然后用樱桃酒擦患处，每3小时擦1次，几天后冻疮会好转。

◎用樱桃酒擦患处，可增加皮肤表热，还能起到解毒和杀菌的功效

106 西瓜皮预防冻疮

患冻疮多年，看起来肿肿的，为了冬天不再生冻疮，听说可以在夏天时用西瓜皮搓手指进行预防，感觉很有效，

这几年冬天也不太长冻疮了。

方法：用西瓜皮内面白色部分轻轻地揉搓冬天患过冻疮的部位，每次 3~5 分钟，每天 1 次或 2 次，连擦 5 天，即可有效预防冻疮发生。

◎西瓜皮味甘、性凉，具有促进伤口愈合和肌肤的新陈代谢的功效

提供者：乌鲁木齐市江秀波，企划专员

107 土豆治湿疹

湿疹多由神经系统功能障碍引起，它能导致面部、阴囊或四肢弯曲部位的皮肤发红、发痒或形成丘疹、水泡。可将土豆洗净、切块，捣成泥糊状，敷盖在患处，外用纱布包裹，每日更换 2 次，6 天后可以治愈。

108 桃叶煎水治痱子

夏天天气炎热，几个月大的宝宝很容易生痱子，一位老中医给的偏方很快就治好了痱子。

偏方：用鲜桃叶 50 克、水 500 毫升，煎到剩一半水，用该水洗擦痱子，几次就可治愈痱子。另外，将阴干的桃叶浸泡在热水中，常给孩子洗澡，也能有效防治痱子。

老中医说桃叶中含有单宁成分，具有消炎、止痛、止痒的功效。此方给邻居的小孩用也很灵验。

提供者：南京市邱雯梦，银行柜员

109 蜂蜜洗脸去痘

因为压力大，内分泌失调，很多女孩脸上起了一堆痘痘，用了很多膏药都无济于事。推荐用蜂蜜洗脸，当天洗后痘痘消了一些，20 多天后就全好了。做法如下：洗脸时，取普通蜂蜜 3~4 滴溶于温水中，慢慢按摩脸部，洗 5 分钟，让皮肤吸收，最后再用清水洗一遍。洗几次就见效。

提供者：汕头市李芬，幼师

110 苦瓜治痱子

取成熟的苦瓜 1 个，用刀切成两半，剔去子，将适量硼砂置入瓜腹中，硼砂即可溶化。用消毒棉球蘸汁液擦痱子处，几小时后痱子即可见效。

111 醋水熏脸除痤疮

用半杯开水兑 1/3 杯的醋，将杯口对着脸，保持 3~5 厘米的距离，用该蒸汽熏脸，水凉后用此温水洗脸。坚持1~2 个月就会有很明显的效果。

◎醋中所含的醋酸、甘油和醛类化合物等物质能促进肌肤血液循环，使皮肤光滑

112 柠檬汁蛋清去痘

有个女孩皮肤不太好，初中开始长了满脸的青春痘，让她很苦恼。用自制水果面膜敷脸很有效，可以自己试着做

一下，很好用。

方法：将柠檬挤出的汁混入1个蛋清内，调匀后涂在面部，几分钟后就形成了面膜，敷30分钟用清水洗掉即可。一般敷2周，脸上的痘痘就会变小，肤质也会慢慢变好。

提供者：东莞市南城区，江秀，大学生

113 野菊花汁去痘

取野菊花50克，放入适量的水中煎煮熬成200毫升的汁液，然后将汁液用容器装好放入冰箱，将其冰成若干个小块。每次洗完脸，取一小块涂抹脸部，每次10分钟左右，每天2次，数日即见效。

114 醋治手脚裂

将白醋和甘油以 1:1 的比例调和，然后装入小瓶内，每晚洗脚擦干后将此油擦于患处，几天后皲裂口即可愈合。

115 牛奶治脚跟干裂

有个牛奶治脚跟干裂的法子，即只要感觉脚跟皮肤很干，立马涂抹牛奶。在洗过的脚跟处涂抹新鲜牛奶，每日2

次，坚持一段时间，脚跟的皮肤将会变得柔软光滑，裂口会自行愈合。此法可预防脚部干裂，屡试不爽。

116 鱼肝油治皮肤皲裂

冬季皮肤干燥皲裂，可在每晚睡前先用温水浸泡皲裂处使之软化。然后，取鱼肝油丸 2~3 粒，挤出丸内油性液体涂抹皲裂处。每晚涂 1 次，连续 1 周即可痊愈。

117 土豆糊治脚裂

脚跟长年干燥皮厚，一到干冷的冬天就会开口子，多处龟裂出血。也涂过很多润肤品，但都无法完全治根。

有一偏方，能有效改善这一状况：取土豆 1 个，煮熟后剥去外皮，捣烂成糊状，加凡士林适量，调和后放入干净瓶中。每天 3 次涂于患处，数日即愈。

提供者：杭州市吴清峰，保安

118 橘皮治手脚干裂

一到冬天，很多女孩两脚跟就会干裂，表皮有很多细纹。其实，用橘子水泡脚可消裂纹。

做法：取橘皮 2~3 个或更多，放入锅或盆里加水煎 3~5 分钟，先洗手，再泡脚至水不热为止。每天 1 次，效果明显。连续用 2 周，就会发现之前皮肤裂开的部位变得光滑了。

提供者：广州市海珠区，刘锦城，发型师

119 韭菜红糖缓解胃痛

取韭菜子、红糖各 200 克，将韭菜子炒黄研末，与红糖拌匀，每次取 1 汤匙，用滚开水冲泡饮服，每天 3 次。

120 猪心·白胡椒治胃炎

取猪心 1 个、白胡椒 10 克，把猪心用刀切成 3~4 毫米厚的薄片，将白胡椒研末，均匀地撒在猪心片上，然后蒸熟。清晨空腹食用，每天吃 1 个猪心，7 天为 1 个疗程。

121 柿子面饼去胃寒

有一老偏方，说多吃柿子饼可祛胃寒。在柿子树的产地，每年十月份柿子成熟时，每户人家都会摘柿子做饼吃，几乎没有听过谁家患有胃病的。

柿子饼做法如下：选3~4个软的柿子，用开水烫一下，去掉柿子皮，加入少量的面粉，和成软一点的面团，然后擀成小饼，用温火烙，烙时加入少许食油。烙好的小饼外焦里嫩，能祛寒暖胃。

提供者：丽水市叶朱瑶，乘务员

122 白糖腌姜治胃寒

胃寒引起的胃病，吃药也只是治标不治本，饮食稍不注意，胃病就发作。有个灵验老偏方，是常吃白糖腌姜，疗效很好，试过的人的胃病几乎未复发过。做法：取鲜姜（细末）500克、白糖250克，腌在一起，每日3次，饭前吃，每次吃1匙，要长期坚持吃。

123 香油治过敏性鼻炎

将普通的食用香油滴入鼻内，每天3~5次，每次5滴左右。滴前将鼻涕擤干净，持之以恒，必定见效。

124 香油治中耳炎

得过中耳炎的人，耳朵隐隐作痛，听到的声音都是嗡嗡的。用一老偏方可把中耳炎治好，就是往外耳道里滴入几滴香油。

患中耳炎时可以采用这种香油滴耳的方法，每日滴耳内3次，每次3滴，1周左右见效。推荐给朋友用过此法，颇有效果。

提供者：天津市杨羽珊，会计

125 白醋治外耳道疼痛

游泳以后外耳道常会感到疼痛，这时可在25克左右的冷开水里加入30滴白醋，控净耳朵里的水，在每只耳中滴入2滴配好的溶液即可。

126 蛋黄油治中耳炎

有人常犯中耳炎，吃药不能完全好，估计是耳朵受了感染，时不时又痒又疼。有一老偏方，用后不久中耳炎竟痊愈了。

方法：将新鲜鸡蛋煮熟，用其蛋黄入锅煎熬取油，然后把油脂装入小瓶内，将做成黄豆大小的药棉球浸入，待其饱吸蛋黄油后放冰箱备用。治疗时，取出1个棉球，轻轻送入耳内，待药棉球干燥后取出。

　　每日 2 次，连用 3~5 天，即可见效。此方可治好多年的中耳炎，效果甚佳。

提供者：汕头市温钧菇，果单员

127　韭菜治鼻出血

　　小孩子身体很弱，就容易上火，经常出鼻血，试过很多方法，也不见效。有一中医指点，用一个老偏方，多次服用后，至今未再犯。

　　方法：将韭菜茎和生绿豆剁碎，搅成泥状，用冷开水冲匀，沉淀以后，饮上层清水，几次就可见效。

提供者：随州市彭芬，健康顾问

128　西瓜皮治咽喉炎

　　夏天是产西瓜的旺季，也是咽喉炎多发期，这时正好可用西瓜来治疗咽喉炎。其具体做法：取西瓜皮 250 克，加入 500 毫升水煎熬，将水熬至一半，再加一些冰糖拌匀，即可服用。

129　冷水治过敏性鼻炎

　　患了过敏性鼻炎，吃了药不见效。后经中医推荐冷水洗鼻，效果不错，鼻炎症状好了不少。每天洗脸前先将鼻孔浸入冷水中，轻吸气，使冷水与鼻腔黏膜充分接触，然后将水呼出。如此反复进行，持续 1~3 分钟（可抬头换气），洗完脸后再用中指揉压鼻翼两侧 30 次左右。此法只要坚持，疗效就很显著。

130　瓜类治酒糟鼻

　　取西瓜皮 200 克，刮去蜡质外皮，洗净；冬瓜皮 300 克，刮去绒毛外皮，洗净；黄瓜 400 克，去瓤心，洗净。将以上食材分别用不同火候略煮熟，待冷，切成条块，置容器中，放盐、味精调味，腌渍 12 小时后即可食用。此方疗酒糟鼻，有很好的效果。

◎冬瓜有清热解毒、利水祛湿的功效，对治疗酒糟鼻之类的慢性湿热炎症非常有效

131 茭白治酒糟鼻

将鲜茭白剥去外皮后洗净捣烂，每晚在鼻上薄薄涂抹一层，用纱布盖上，外加胶布固定，次日早晨洗去。白天则用茭白挤汁涂抹，每天涂抹 2~3 次。如此连续 1 周，可见好转。

132 陈皮治扁桃体发炎

孩子扁桃体发炎很严重的时候，去医院打针吃药好得很慢，小孩也很受罪。

有一老方：取陈皮 60 克，分两次水煎，再分早、晚 2 次温服。每日 1 剂，连服 3～5 日。陈皮有清热解毒的作用，因此对于有急性扁桃体炎及咽喉肿痛等症治疗有效。

133 蜂蜜茶水治咽炎

取适量茶叶，用小纱布袋装好置于杯中，取沸水泡茶（比饮用的稍浓），凉后加适量蜂蜜搅匀，每隔半小时漱咽喉并咽下。一般当日见效。

134 盐水含漱治咽喉痛

治疗喉痛的方法有甚多，现介绍一种简单又好用的治法。咽喉轻微肿痛时，可将淡盐水含在嘴里，头部后仰吹气，使盐水在喉部咕噜作响，可消炎灭菌、减缓疼痛。平日清晨可用淡盐水刷牙，可起预防和巩固之效。此法经多次实践，确实有效。

◎盐水有消炎杀菌、止血消痛等功效。

135 醋煮枸杞治牙痛

经常牙疼的人，有时疼得吃不下饭。有一土方可快速止住牙疼。牙齿疼痛时，用醋煮枸杞、白及漱口，坚持几次疼痛就可消除。

136 大蒜可治牙痛

有人患有蛀牙，又爱吃甜食，有时糖量过多，牙会疼很久。传授一秘方，照做后牙很快就止疼。秘方：把大蒜瓣顶尖掰个口，让蒜汁溢出，往痛处擦抹数次，可立即止痛。经常牙痛的人可常常备着大蒜，牙疼时就用它帮忙，屡试不爽。

提供者：广州市罗艺芳，活动策划

137 腌苦瓜治口腔溃疡

有人因上火患口腔溃疡，一吃饭就疼痛难忍，试过多种方法，治疗效果一般。听人说苦瓜能治好口腔溃疡，照吃后效果很好。

做法：将苦瓜洗净去子，切成薄片，放少许食盐腌渍 10 分钟以上，将腌渍的苦瓜挤去水分后加味精、香油搅拌，当凉菜吃。口腔溃疡治好后，平时也可常食用苦瓜，预防口腔溃疡。

提供者：深圳市张雪清，作家

138 茶水治口腔溃疡

口腔内唇、舌等处黏膜溃疡时，嚼一小撮茶叶，半小时后吐掉，多嚼几次。浓茶中加少许食盐，用来漱口，坚持数日可好转。

139 柠檬汁除牙垢烟渍

经常吸烟的人，牙齿会被熏上一层黑黄色的烟垢，用牙膏很难刷掉，但用柠檬汁便能使牙齿去垢洁白。柠檬的洗净力强，又有洁白作用，且含有维生素C，能强固齿根。具体方法：取柠檬汁50 毫升，每晚在刷牙后，用纱布沾些柠檬汁，摩擦牙齿，牙齿就会变得洁白光亮。

提供者：惠州市林丹婷，美容师

140 治小儿气管异物

物呛入小儿气管，有窒息致死的危险。这时，千万别顺着拍胸，应将小儿的头朝下，轻拍背部。这样，异物才容易由气管排出。

141 巧用桔皮治鸡眼

先将桔皮在鸡眼患处不断磨擦，再将患部放入桔皮煮成的温水中浸泡20～30分钟，连续2-3天就可以见效。

142 乌梅泡水治遗尿

年事已高的老年人，身体不如从前，有时候还小便失常。乡下老郎中有一方：每天取用4～5颗乌梅冲杯开水，渴了就喝，喝完了再续，直至乌梅没味。吃3天即可见疗效。服用了2周后遗尿的情况改善很多。

提供者：深圳市陈恩慧，淘宝店主

143 凉盐水治结膜炎

眼睛被风沙吹到，双眼发红，去医院检查，很可能得了眼结膜炎。医生建议一边用着医院开的药物，一边采用凉盐水洗眼方法治疗，不到1周就治好了结膜炎。

洗法：取干净的脸盆和毛巾，用温开水沏半羹匙盐放入脸盆，盐化开后再放一些凉水。用手捧盐水，让双眼浸入手心的盐水中，眼皮上下翻动数次，然后用干净的毛巾擦干眼睛。每天洗2~3次即可，4~5天后，眼结膜炎可治愈。

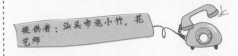

提供者：汕头市施小竹，花艺师

144 按摩睾丸治阳痿

每晚临睡前洗净下身，取坐位，仰卧位亦可，将睾丸置于手掌中，反复轻揉，要轻、柔、缓、匀，有舒适感，意念专一，神不外驰。每天早晚各1次，坚持一段时间后，性功能可得到改善。

145 淘米水治外阴瘙痒

取1000毫升淘米水，加入1毫克食盐，倒进铁锅中煮沸，待温凉后用纱布蘸擦患处，每天至少2次，每次擦洗3分钟，擦2天便见止痒效果。

146 前列腺肥大有妙方

有一土方，可治前列腺肥大，此方经过多人亲身实践，疗效甚佳。方法是每天坚持吃一把南瓜子（炒熟），即可治疗前列腺肥大。医书上记载，南瓜子对治疗前列腺肥大有独特的作用。长期坚持，对前列腺肥大患者也有好处。即使无此不适者，也可起到一定的预防作用，且对人体无不良反应。

◎南瓜子含有丰富的脂肪酸，其所含的活性成分可消除前列腺初期的肿胀

提供者：深圳市刘妍，中学教师

147 菊花茶妙除口臭

口臭的原因不外乎是蛀牙，或者因肝脏、胃有毛病而引起的。如果是肝脏或胃的原因，喝菊花茶是消除口臭最好的办法。方法：取20克菊花，放适量水煮成菊花茶饮用。

148 香附盐袋治痛经

很多女孩每来痛经疼得脸色发白，看着难受，有一老偏方，对治疗痛经很有用。用后疼感会慢慢缓解，身体也变得暖和。

偏方：取老陈醋90毫升、香附（捣烂）30克、青盐500克，先将青盐爆炒，再抖炒香附末，半分钟后将陈醋均匀地倒入盐锅里，随倒随炒，炒半分钟，装进10厘米×20厘米的布袋里，袋口扎紧，放在脐下或疼痛地方，进行热熨。此方用起来比暖宝宝安全，还能调理身体。

提供者：东莞市陈南香，理疗师

149 鲫鱼治孕妇呕吐

为了防止孕妇呕吐、满足母体营养和胎儿生长发育的需要，孕妇应该少吃多餐，吃些其平日喜欢的食品或高蛋白、低油脂的食品，且要味轻口淡。若经常呕吐，可以取活鲫鱼或鲤鱼1条，剖腹洗净，放入砂锅内不加调味品煮熟，然后趁热服。

◎鲫鱼营养丰富，鲜美可口，是给孕产妇补身体的传统食物

养生保健

1 睡觉宜南北方向

地球的南极和北极之间有 1 个大而弱的磁场，如果人体长期顺着地磁的南北方向，可使人体器官细胞有序化，调整和增进器官功能。头朝南或朝北睡觉，久而久之，有益于健康，表现为睡得好、精力充沛、食欲增加，神经衰弱、高血压等慢性病患者的症状也会有所改善。

2 仙人掌防辐射

仙人掌吸收辐射的能力特别强，可以充分利用仙人掌有效减少室内辐射。

经常使用电脑或者长时间看电视的人，可在计算机或电视机前放置一盆仙人掌盆栽，就可以减少电磁波对人体的伤害。但要注意给仙人掌适当浇水和晒太阳。

3 茶叶枕有益健康

有一老中医，睡眠很好，精神饱满，还能做一些家务活。这都得益于他坚持用的茶叶枕，故睡得好，人也满脸红光。平日将泡饮后的茶叶晒干，再加入少量茉莉花茶，拌匀装入枕头即为茶叶枕。

因为茶叶含有芳香油、咖啡碱、茶碱、可可碱等，有降压、清热、安神、明目等功效，可辅治头晕目眩、神经衰弱等症，且有利于睡眠。用了茶叶枕，人睡得好，吃得香，精神矍铄。

◎茶叶枕头内的空气是流通的，凉性也是缓慢散失的，人会感觉很舒适

提供者：中山市张紫倩，客户经理

4 打乒乓球预防近视

打乒乓球或观看来回跳动的乒乓球时，眼球将不由自主地随着忽近忽远、旋转穿梭的乒乓球快速运转。这样可促进眼部血液循环，消除和减轻眼睛疲劳，即可达到预防近视的目的。

5 揪耳强体祛病

久坐办公室的上班族，颈部腰部肌肉常常酸痛。康复医生教了一招按摩保健法——揪耳，此法很不错。每天早晚或休息的时候，可用手拉耳朵，进行自我按摩保健。如右手绕过头顶，向上拉左耳十几次，然后左手绕过头顶，向上拉右耳十几次。

耳朵的穴位与全身各部位有联系，经常揪耳朵，能够影响到全身，使人头脑清醒、心胸舒畅，有强体祛病之功效。

提供者：佛山市陈特岚，理疗师

6 茶水漱口健齿

牙医从小就教小孩子每次饭后用茶水漱口，让茶水在口腔内冲刷牙齿及舌两侧，可有效清除牙垢。据说，常用茶水漱口能增强牙齿的抗酸防腐能力。习

惯于饭后用茶水漱口的人，牙齿牢固。

◎茶叶是碱性饮料，饭后用茶水漱口，能抑制人体钙元素的流失

提供者：深圳市福田区，薛一玲，编辑

7 热敷防老年视力减退

做护理工作的护工，对于老年人视力的护理有点经验：每天早上洗脸时，将毛巾浸在热水里，拿出后不要拧得过干，立即折起趁热盖在额头和眼部，头稍仰起，眼睛暂时轻闭1分多钟，温度降低再将毛巾烫热，反复做3次。每天坚持，不要间断，可保护老年人的视力，延缓视力衰退。

提供者：广州市司马云，护工

8 眨眼防视力衰退

若目光长时间高度集中于近处某一目标，经常眨眼或闭目养神，可使双眼处于轻松状态。眨眼能消除和减轻眼睛疲劳，即可达到防治近视的目的。

9 牛奶敷面美容法

肤质不太好，很容易过敏的人，护肤工作很麻烦，但还要做。有种预防过敏的面膜，用后很快可见效。当出现皮肤过敏症状时，取鲜奶一袋，用药棉蘸着牛奶涂于面部，这样可以快速补充面部皮肤损失的营养。随后，将蛋清涂在脸上，待蛋清被皮肤吸收干后再用清水洗去，最后再涂上少许黄瓜泥。

这样脸部皮肤因过敏而产生的红肿、发炎便可消去，并且还可预防面部皮肤再次过敏。

提供者：武汉市方司玲，化妆销售

10 面部防衰老的窍门

张大嘴巴，嘴巴张到不能再大时，打个哈欠，吐出废气，连做 4~5 次。这个动作能加强气体交换，消除疲劳，而且能锻炼嘴巴周围的肌肉。

下颌经常运动，做上下、左右、前后的伸缩运动，每个动作做 4~5 次。经常这样做可消除疲劳，又可防止面颊和颌部肌肉的松弛。

◎饮食时多注意补充一些胶原蛋白，能起到紧实肌肤的作用

11 黄瓜敷面嫩肤增白

平时很会保养的女孩，皮肤光滑细嫩，她说常用黄瓜敷脸，有增白皮肤的效果。

做法：将新鲜黄瓜去皮切片，一片一片地贴在刚洗净的脸上，贴满后再用手指轻轻按黄瓜片，以不脱落为宜，20分钟后揭下。经常使用此方法能使皮肤细嫩白皙。

提供者：汕头市王小翠，化妆师

12 洗脸小窍门

有一美容院的美容师分享了一些美容知识和护肤技巧，针对不同肤质，洗脸的方式有区别：

中性皮肤：先用冷水洗脸，然后用热水蒸气蒸片刻，再轻轻抹干，可使肌肤变得柔滑有弹性。

干性皮肤：在洗脸水中加入几滴蜂蜜，在洗脸时沾湿整个面部，并拍打按摩面部，这样能滋润脸部及增添肌肤光泽。

油性皮肤：洗脸时，在温热水中加入几滴白醋，能有效地消除肌肤上的多余油脂，从而避免毛孔阻塞。

衰老的皮肤：用冷水洗脸时加入海盐，或放凉的浓茶，或新鲜的水果汁，对补充肌肤养分都能起到一定的作用。

上述洗脸窍门，各位请分辨使用。

提供者：天津市张心悦，园艺师

13 缩腹运动瘦腹法

许多女士年过 30 岁之后，虽然不至于发福，但是脂肪却已悄悄囤积到小腹上去了。后经一瘦身达人建议，每天只需很少的时间，就能使腆出的肚子缩回。

方法：挺直背脊坐着或站立，缩回腹部，持续大约 20 秒，然后放松。做这项运动时应保持正常呼吸，每天重复做十几次，坚持一段时间即可达到瘦腹的效果。

提供者：南京市李彩丹，舞蹈老师

14 经常锻炼有助于睡眠

对于办公室中的白领来说，运动是必不可少的。据调查，经常锻炼的人在睡眠质量方面要明显优于不做锻炼的人，并且更少出现失眠的现象。

每天请保持 20 分钟的户外活动，以此让你的身体达到兴奋状态，这样晚间你才会感到疲劳而很快入睡。

◎经常锻炼身体，可使身心放松，而适度的疲倦感，也更容易使人进入梦乡

15 预防皮肤干裂的窍门

冬天皮脂腺分泌油脂减少，人们感到手脚干燥，时间长了，就会出现裂口，甚至流血。为预防皮肤干裂，手脚洗完要立即擦干，最好涂上甘油或护肤膏。禁用碱性大的肥皂洗手洗脚。手脚要保暖，避免受冻，平常多吃胡萝卜、菠菜。

16 吃猪蹄养肤

经常吃猪蹄可延缓皮肤老化，因为猪蹄中含有很丰富的胶原蛋白质。胶原蛋白质是生长皮肤细胞的主要原料，通过体内与胶原蛋白质结合的水，去影响某些特定组织的生理功能，补益精血，从而使皮肤丰润，减少皱纹。如果体内缺乏胶原蛋白质，就会使细胞贮水机制发生障碍，于是皮肤干瘪，出现皱纹。所以吃肉时不要把肉皮扔掉，同时要多吃一些含胶原蛋白多的食物。

17 正确节食减肥法

正确的节食减肥法：吃得全面（营养不缺）、减少热量摄入（量要少）、经常更换食谱（不厌食）、适量运动（消耗热量）。下列具体做法可供参考：

多喝水：饭前15分钟喝1~2杯开水，这样既能少吃，对胃也有一定好处。

缓食：每吃一口饭菜都要细嚼慢咽，品尝滋味，在几十分钟的进食过程中，使大脑能有充裕的时间接受来自胃的刺激，产生饱腹感，避免摄入过多的热量。

多吃富含纤维素的食物：如水果、蔬菜和粗粮，不仅可以减少一定热量的摄入，且易产生饱腹感。

◎多喝水，既能保养皮肤，又能促进健康

18 女白领养颜攻略

办公室小白领，每日朝九晚五，办公室一坐就是8小时，一直对着电脑，有时熬夜加班，发现自己的皮肤变得暗沉、干燥，最可怕的是细纹也慢慢滋生了。

对着电脑太久，不妨让自己稍微休息一下，找个靠窗的位置，用鼻子深吸气的同时开始闭眼，吸到不能再吸的时候，睁开双眼，一直睁到最大；恢复正常呼吸后，双手握拳轻轻敲打头顶几次。重复 2~3 次后你会发现疲劳得到缓解。

还要经常清洁电脑屏幕，电脑屏幕的辐射容易产生静电并吸附灰尘。而屏幕上所附着的微小颗粒会加大辐射量，经常使用专门清洁液晶屏幕的清洁液除去灰尘，可减少辐射，有利于皮肤养护。

提供者：深圳市刘紫霞，行政经理

19 防脱发重在日常护理

每次洗完头发，看到水池里掉下的头发，都会觉得心疼。其实，最好的防止脱发的方法是天然疗法。要想健康防脱发，不妨试试下面几个护发小妙招：

一是每 2~3 天洗一次头发，将洗发水搓出泡沫，再涂抹在头发上轻搓头皮片刻。

二是洗头前先梳顺，既能除去头发污垢，还能避免头发纠结造成脱发。

三是洗完后用凉水冲，建议用 39℃的温水洗头，再用凉水冲下发丝。

四是头发湿时别梳头，让头发自然干燥。

五是用棉质毛巾轻轻拍打头发吸收水分，再让头发阴干。

六是温风吹头皮，冷风吹发丝。

七是尽量披散着头发，让头发不受束缚。

八是使用丝绸枕套，丝绸材质的枕套不易起静电，且表面光滑，能减少对头发的摩擦。

20 抗衰老从保养做起

女性从 20 岁开始，肌肤的修复基制就会开始减慢。建议女性朋友，在最佳的状态就开始保养。

首先，要保持良好的作息习惯，早睡早起，按身体生物钟来调整作息，有助于身体维持正常的新陈代谢。

其次，选用适合自己的保养品，肌肤保养越早越好。再次，保持愉悦的心情，面对各种各样的压力，要学习自我调节，放松心情，这样有利于皮肤保持最好的状态，比如听音乐、做运动等。

最后，保证健康饮食，选择有抗老效果的食物，如西红柿、葡萄、绿茶、坚果、黑巧克力等，也可内服维生素片和胶原蛋白饮料。

提供者：中山市杨圣美，美容顾问

21 春季养生重在护肝

春天万物复苏、万象更新，是大自然推陈出新的时期。人体生理功能新陈代谢也是最活跃的时期。春天在五行中属木，而人体的五脏之中肝也属木，因而春气通肝。在春天，肝气旺盛而升发，中医认为，春天是肝旺之时。趁势养肝可避免暑期的阴虚，而过于补肝又会导致肝火过旺。春季养肝应该多吃凉性食品，像粥类、茶类、水果等都很不错。

22 夏季养生重在养脾

夏属火，其气热，通于心，暑邪当令。这一时期，天气炎热，耗气伤津，体弱者易为暑邪所伤而致中暑。人体脾胃功能此时也趋于减弱，食欲普遍降低，若饮食不节，贪凉饮冷，易致脾阳损伤，会出现腹痛、腹泻等脾胃及肠道疾病。又夏季湿邪当令，最易侵犯脾胃，令人患暑湿病症；夏季人体代谢旺盛，营养消耗过多，随汗还会丢失大量的水分、矿物质、维生素等。夏季养脾应该多吃清淡消暑、易消化的食物。

提供者：广州市刘长年，中医师

23 秋季膳食防燥护阴

秋季天高气爽、气候干燥，容易伤肺。因此，秋季饮食宜清淡，多食新鲜蔬菜水果，多吃些润肺生津、养阴清燥的食物；尽量少食或不食葱、姜、蒜、辣椒、烈性酒等燥热之品及油炸、肥腻之物。百合莲子粥、银耳冰片粥、黑芝麻粥等都是非常好的食物。还可以多吃些红枣、莲子、百合、枸杞子。另外，要特别注意饮食清洁卫生，保护脾胃，多进温食，节制冷食、冷饮，以免引发肠炎、痢疾等疾病。

24 冬季滋补养肾助阳

冬三月气候寒冷，自然界的生物都进入了"闭藏"。同样，人类在冬季也要"闭藏"，将体内的阳气闭藏起来，防止冬季严寒的侵袭，威胁人体阳气。所以，冬季养生要不伤阳气。肾阳是人体阳气的根部，因此，要"养肾防寒"，这也是冬季养生的根本原则。

在饮食上，最宜食用滋阴潜阳、热量较高的膳食，如羊肉、狗肉、虾、鸽、海参、枸杞、韭菜、胡桃、糯米、甲鱼、芝麻等。

2

厨房篇

人们的需求在不断发生变化，如今的厨房已今非昔比，实用而美观的整体厨房越来越被人们认可。厨房也不再是单纯的制作食物的地方，人们已经把它当作家庭生活的重要部分。

厨房里有大学问。1个家庭主妇每日要在厨房中劳作近6小时，为家人制作健康美味的食物，需要投入大量的时间和精力。食物怎么选购，如何处理和保存，如何制作健康的饮食，这些点点滴滴的琐事中，包含大量知识的应用和智慧经验的总结。

食物选购

1 看闻品识别新陈大米

能吃到香喷喷的大米饭是一件多么幸福的事。可是市场上鱼龙混杂，想吃到好大米真心不容易。那么如何辨别新陈大米呢？

望：一是新大米色泽呈透明玉色状，未熟粒米可见青色（俗称青腰）；二是新大米米眼（胚芽部）的颜色呈乳白色或淡黄色，陈大米则颜色较深或呈咖啡色。

闻：新大米有股浓浓的清香味，陈稻新轧的大米少清香味，而存放1年以上的陈大米，只有大米糠味，没有清香味。

品：新大米含水量较高，吃上一口感觉很松软，齿间留香；陈大米则含水量较低，吃上一口感觉较硬。

2 鉴别泰国香米

在此分享一下鉴别泰国香米的知识，让大家买到正宗泰国香米。

每个品牌的泰国香米都有泰国政府授予的泰国香米标志，包装袋上有泰国出口企业及中国进口商的名称，有泰国出口商的商品条码，而且每一批都附有该批商品的入境检验检疫卫生证书。如果没有泰国香米应有的标志，有可能是在国内分装的。原装泰国香米10千克装均为两根线头缝口。

提供者：福州市张俊清，粮油检测员

3 三招识别优劣黑米

熬黑米粥的时候，总觉得粥水的颜色很浑，像墨汁一样。听卖米粮的邻居说，天然黑米泡水后是紫红色或偏近淡紫色的。黑米的优劣其实能从感官上进行鉴别：

一看黑米的色泽和外观。一般黑米有光泽，米粒大小均匀，很少有碎米，且米粒上没有裂纹，无虫，不含杂质。劣质黑米的色泽暗淡，米粒大小不均匀，饱满度差，碎米多，有虫，有结块等。

二闻黑米的气味。手中取少量黑米，向黑米哈口热气，然后立即闻气味。优质黑米具有正常的清香味，无其他异味。微有异味或有霉变气味、酸臭味、腐败味和不正常气味的为劣质黑米。

三尝黑米的味道。可取少量黑米放入口中细嚼，或磨碎后再品尝。优质黑米味佳，微甜，无任何异味。没有味道或微有异味、酸味、苦味及其他不良滋味的为劣质黑米。

◎黑米是一种药食兼用的米，外表墨黑，营养丰富

提供者：杭州市王佳颖，家庭主妇

4 识破含水食用植物油

用干燥洁净的小管，抽取少许食用植物油脂，涂在易燃烧的纸片上，点燃，燃烧时产生油星四溅现象，并发出"啪啪"的爆炸声，说明水分含量高。用钢勺取油少许，在炉火上加热，温度在150~160℃，如出现大量泡沫，同时发出"吱吱"的响声，油从锅内往外四溅

的现象，说明水分含量高。另外，加热后拨去油沫，观察油的颜色，若油色变深，有沉淀，说明杂质较多。

植物油的水分含量如在0.4%以上，则浑浊不清，透明度差。可将食用植物油装入透明玻璃瓶内，观察其透明度。

5 优质粉丝选购要点

粉丝富含蛋白质、脂肪、铁等多种人体所需的营养素，口感滑腻，是人们日常生活中餐桌上的一道佳肴。选购优质的粉丝要注意以下几个特点：细长、均匀、整齐、透明度高、有光泽、干燥、柔韧、有弹性、无霉味、无酸味和其他异味。

◎最好的粉丝是以绿豆制成的，其次是由玉米淀粉或地瓜淀粉制作而成的

6 纯正小磨香油鉴别法

对生活中很多方面的观察，得来的小经验，能帮助大家更好地生活。比如做菜时，研究怎么调味更好，在拌凉菜、炒菜时滴一滴香油，菜就会特别香。

在香油的选择上，也有小窍门。纯正的小磨香油呈红铜色，清澈，香味扑鼻。若小磨香油掺猪油，加热就会发白；掺棉油，加热会溢锅；掺菜籽油，加热油质发清；掺冬瓜汤、米汤，油质发浑，有沉淀。生活中要多注意这些细节，小经验就能从观察中获得。

提供者：深圳市李向莉，护士

7 选味精要先尝一尝

选味精时可以这样选：摄少许味精直接放在舌尖上，如感觉有冷滑、黏糊感，并不易溶化，说明掺进了石膏或木薯淀粉；如感觉冰凉，且味道鲜美并有鱼腥味，说明是合格品；若尝后有苦咸味而无鱼腥味，说明掺入了食盐。

提供者：苏州市丁冉，早餐店老板

8 好面粉选白净绵软的

知道吗，选面粉也跟选伴侣一样，既要有颜又得有手感。那到底怎么选才对？一观看外表颜色：质量好的面粉，色泽白净；标准面粉为淡黄色；质量差的面粉颜色变深。二用手捻搓面粉：如有绵软感，说明是好面粉；如感觉过分光滑，则质量较差。

◎面粉是由小麦磨成的，是中国北方大部分地区的主食

9 真伪花椒大不同

正品花椒为2~3个上部离生的小果集生于小果梗上，每1个果沿腹缝线开裂，直径0.4~0.5厘米，外表面紫色或棕红色，并有多数疣状突起的油点。内表面淡黄色，光滑。内果与外果皮常与基部分离。气香，味麻辣而持久。

伪品为5个小果并生，呈放射状排列，状似梅花。每1个果从顶开裂，外表呈绿褐色或棕褐色，略粗糙，有少数圆点状突起的小油点。香气较淡，味辣微麻。

10 辣椒粉打假

湖南人都喜欢吃辣椒，几乎每道菜都要放辣椒才觉得有味道，除了新鲜辣椒，辣椒粉也必不可少。不过有时买到了假辣椒粉，一吃就能分辨出来。以下是辨别辣椒粉的一点经验：

放少许辣椒粉在盐水中，下面的水如染成红色，表明其中掺假。或把它倒在白纸上，用手揉搓，如留有红色，则表明掺有色素。用舌舔感到牙碜，表明辣椒粉里混入了碾成碎末的红砖屑。

色泽浅黄，入口黏度大，放到清水中起糊，则是掺了玉米粉。辣椒粉中可见过多的黄色粉末，鼻闻有豆香味，入口有甜味，则是掺入了豆粉。

上述几类假冒辣椒粉很普遍，对于爱吃辣的人来说，当然要吃正宗的辣椒粉，选择时多加留意为好。

提供者：武汉市温利娅，家庭主妇

11 假茴香真不了

市场上有很多茴香都是假货，想教教大家怎么辨别真假茴香：

正品双悬果呈圆柱形，两端略尖、微弯曲，长 0.4~0.7 厘米，宽 0.2~0.3 厘米。表面黄绿色或绿黄色。分果呈长椭圆形，背面 5 条隆起的纵肋，腹面稍平坦。气芳香，味甜、辛。

伪品分果呈扁平椭圆形，长 0.3~0.5 厘米，宽 0.2~0.3 厘米。表面棕色或深棕色，背面有 3 条微隆起的肋线，边缘的肋线呈浅棕色延展或翅状，气芳香，味辛。

◎茴香是一种调味品，是烧鱼炖肉、制作卤制品的常用香料

提供者：天津市洪志荣，香料商

12 快速辨别八角茴香

正品果实多由 8 个瓣组成，放射性排列于中轴上。瓣长 1~2 厘米，宽 0.3~0.5 厘米，高 0.6~1.0 厘米。瓣外表红棕色有不规则皱纹，顶端呈鸟喙状，上侧多开裂。瓣内表面淡棕色，质硬而脆，气味芳香，味辛、甜。

伪品八角茴香常由 7~8 个较瘦小的瓣呈轮状排列聚合而成。单一的瓣长约 1.5 厘米，宽 0.4~0.7 厘米，前端渐尖，略变曲，果皮较薄。有特异香气，味先是微酸而后甜。

13 优劣蜂蜜差距在哪

现在蜂蜜市场很乱，很多商家为了追求高利润，以次充好，或者用假蜜糊欺骗消费者。因为对蜂蜜知之甚少，导致很多人花高价却买到加工蜜，甚至假蜜。现在分享一些辨别好蜂蜜的经验：

优质蜂蜜色浅、光亮透明、黏稠；劣质蜂蜜黑红或呈暗褐色、光泽暗淡、浑浊。优质蜂蜜花香明显、气味纯正、无杂味；劣质蜂蜜则相反。

优质蜂蜜入口绵润清爽、柔和细腻、味甘甜且清香、余味轻；劣质蜂蜜入口味甜而腻、口感麻辣、余味较重。优质蜂蜜取少许放在手心上，用手指搓揉感

到黏腻，或将少许滴在纸上呈珠状，不出现渗透现象。

◎蜂蜜味道较甜，其所含的单糖可以直接被人体吸收，具有良好的保健作用

提供者：桂林市七星区，薛学志，养蜂人

14 一眼识破注水瘦肉

注水肉危害大，怎样鉴别注水肉呢？

注入水过多时，水会从肉上往下滴；割下一块瘦肉，放在盘子里，稍待片刻就有水流出来；用卫生纸或吸水纸贴在瘦肉上，用手紧压，等纸湿后揭下来，用火柴点燃，若不能燃烧，则说明肉中注了水。

15 鉴别病死猪肉

买猪肉时，仔细看其毛根，如果毛根发红，则是病猪；如果毛根白净，则不是病猪。新鲜猪肉有光泽，肉质红色均匀，脂肪洁白，肉的表面微干或湿润，不粘手；肉质有弹性，指压后的痕迹立即消失，嗅之有鲜猪肉的正常气味；煮沸后肉汤透明澄清，脂肪团聚表面，有香味。而变质的猪肉肉质无光泽，脂肪发暗或灰绿色；肉表面干燥或黏手，肉质弹性降低，指压后的痕迹不能消失；嗅之有腐败臭味，煮沸后的肉汤混浊，有腐臭味。

16 好香肠色鲜有弹性

挑选香肠有一些经验，可以分享给爱吃香肠的朋友：

质量好的香肠，肠体干燥有皱瘪状，大小、长短适度均匀，肠衣与肉馅紧密相连一体，肠馅结实。表面紧而有弹性，切面紧密，色泽均匀，周围和中心一致。肠内瘦肉呈鲜艳玫瑰红色。

提供者：深圳市钟立颖，家庭主妇

17 别选闭眼的烧鸡、扒鸡

烧鸡、扒鸡是人们爱吃的食物，街头巷尾，出售烧鸡、扒鸡的越来越多。很多不良商家以次充好，用不健康的原料加工成烧鸡贩卖，如何挑选好的烧鸡、扒鸡，如何吃到真正的美味呢？

市面上卖的某些烧鸡有的因缺乏检疫，或是一些利欲熏心的人为了赚钱逃避疫检，用病鸡加工成烧鸡。所以买烧鸡时要看清了，如烧鸡眼睛是全闭上的，则很可能是用病鸡熏制的。用无病鸡制作的烧鸡，眼睛一般呈半睁半闭状态。用手轻轻挑开肉皮，若肉色变红，说明是用未放过血的病死鸡制作的，如肉呈白色，是用健康鸡制成的。

◎吃变质的烧鸡对人体有害，会导致中毒、腹泻等

提供者：杭州市陈玉昆，秘书

18 腊肉选结实有光泽的

每到冬天，南方地区，家家户户都做腊肉，出太阳的时候会看到满排的各种腊肉，很多外地人常来采购带走一批批腊好的肉。

通常质量好的腊肉色泽鲜艳，肌肉呈鲜红色或暗红色，脂肪透明或呈乳白色，肉身干爽结实、富有弹性，指压后无明显凹痕，具有其固有的香味。变质的腊肉色泽灰暗无光泽，脂肪呈黄色，表面有霉斑，揩抹后仍有霉迹，肉身松软无弹性且带黏液，呈酸败味。

◎腊肉耐储存，味道好，是广受欢迎的肉类食物

提供者：绍兴市林慧君，家庭主妇

19 羊肉鲜嫩度不难识别

现在买羊肉早已不是一件难事，但有时也会受骗买到老羊肉，挑选羊肉时须留心。老羊肉肉色较深红、肉质略粗、不易煮熟，新鲜老羊肉气味正常。小羊肉肉色浅红、肉质坚而细、富有弹性。

20 四招鉴别注水鸡鸭

日常生活中人们经常会买鸡鸭烹饪，但有时会买到注水鸡鸭，非常扫兴。简单四招让注水鸡鸭无处可逃：

一拍：注水鸡鸭的肉富有弹性，用手一拍，便会听到"波波"的声音。

二看：仔细观察，如果发现皮上有红色的斑点，斑点的周围呈乌黑色，表明注过水。

三掐：用手指在鸡鸭的皮层下一掐，明显感到打滑的，一定是注过水的鸡鸭。

四摸：注过水的鸡鸭用手一摸，会感觉到高低不平，好像长有肿块，而未注水的鸡鸭摸起来很平滑。

21 避免买到劣质带鱼

如何避免买到不新鲜的带鱼，做个精明选购人呢？

在这为大家分享一下带鱼的挑选方法：优质带鱼以体宽厚、眼亮、体洁白有亮点、体表面有银粉色薄膜为优；如体色发黄、无光泽、有黏液、肉色发红、鳃黑、破肚者为劣质带鱼，不宜食用。

暗；鳃的颜色呈暗红或灰白，有陈腐味和臭味；鱼腹膨胀，肛孔鼓出。

◎鱼眼浑浊、鱼鳃粗糙暗红、鱼脊受损的鱼或畸形鱼是受污染的鱼，对人体有害

◎带鱼营养丰富，具有和中开胃、暖胃补虚、润泽肌肤等功效

提供者：深圳市施俊松，海鲜店员

22 怎么买鱼最新鲜

鱼肉味道鲜美，营养价值高。鱼当然要吃新鲜的，教你如何识别新鲜的鱼：

新鲜的鱼表皮有光泽，鱼鳞完整，并有少量透明黏液；鱼背坚实有弹性，用手指压一下，凹陷处立即平复；鱼眼透明，角膜富有弹性，眼球饱满凸出；鱼鳃鲜红或粉红，没有黏液，无臭味；鱼腹不膨胀，肛孔白色，不突出。不新鲜甚至变质的鱼，鱼鳞色泽发暗，鳞片松动；鱼背发软，肉与骨脱离，指压时凹陷部分很难平复；鱼眼塌陷，眼睛灰

23 挑选对虾·小窍门

到了吃海鲜的季节，你知道如何挑选对虾吗？

据外形挑选：新鲜对虾头尾完整，有一定的弯曲度，虾身较挺拔。不新鲜的对虾，头尾容易脱落，不能保持其原有的弯曲度。

观颜色挑选：新鲜对虾皮壳发亮，青白色，即保持原色。不新鲜的对虾，皮壳发暗，原色变为红色或灰紫色。

据肉质挑选：新鲜对虾肉质坚实，不新鲜的对虾肉质松软。而且，优质对虾的体色依雌雄不同而各异，雌虾肉微显褐色和蓝色，雄虾肉微显褐色和黄色。

24 鱿鱼干选购窍门

煮汤熬粥的时候，用鱿鱼干调味，粥的味道特别鲜。选鱿鱼干有几点经验：常见的鱿鱼干有长形和椭圆形两种，凡体形完整坚实，光亮洁净，肉肥厚，表面有细微的白粉，干爽且淡口的为优质品。而体形部分蜷曲，尾部及背部红中透暗，两侧有微红点的则为次品。

提供者：深圳市杨娇婷，室内设计师

25 优质干贝肉柱大饱满

干贝主要用扇贝、江瑶贝和日月贝等海产贝类，煮熟将其闭壳肌剥下洗净晾晒（或烤）而成的干品。以色杏黄或淡黄，表面有白霜，颗粒整齐，肉柱较大坚实饱满，肉丝清晰，有特殊香气，味鲜，淡口的为优质品。而肉柱较小，色泽较暗的次之。

26 挑选松花蛋的小技巧

松花蛋也称皮蛋，挑选方法有：

看：先看包料有否发霉和是否完整，然后剥去包料看蛋壳，以包料完整、无霉味，蛋壳完整，颜色为灰白或青铁色为佳；黑壳蛋及裂纹蛋为劣质蛋。

掂：将松花轻轻抛掂，连抛几次，手感颤动大，有沉重感的为优质松花蛋；手感蛋内不颤动的为死心蛋；手感颤动和弹性过大的则是汤心蛋。

摇：用拇指和中指捏住松花蛋的两头在耳边上下摇动，听其内有无响声或撞击声。优质松花蛋有弹性而无响声，反之为劣质松花蛋。

弹：将松花蛋放在左手掌中，以右手食指轻轻弹击松花蛋的两端，声音若是柔软的为优质松花蛋；产生生硬的声响，则为劣质松花蛋。

尝：剥去松花蛋壳，若蛋白和蛋黄均呈墨绿色，蛋白半透明，有弹性，口尝肉质细嫩，味美浓香，清凉爽口者为优质松花蛋；若蛋白和蛋黄色暗，口尝肉质粗硬，有辛辣味甚至臭味，则为劣质松花蛋。

27 河蟹选力大饱满的

爱吃螃蟹肉的人，对挑选好河蟹也有不少经验和常识。购买河蟹要买活的，死蟹不能食用。在众多活蟹中要选购最优质的，其特点是：

蟹腿完整饱满，腿毛顺，爬得快，蟹螯夹力劲大，蟹壳青绿有光泽，连续吐泡有声音，腹部灰白，脐部完整。雄河蟹黄少、肉多、油多，雌河蟹黄多、肉鲜嫩。分辨时可查其脐部，尖脐的是雄蟹，团脐的是蟹。

28 上等海米好汤料

海米的肉细结实、洁净无斑、色鲜红或微黄、光亮、有鲜香味、够干、大小均匀的为上品；海米肉结实但有一些黑斑或粘壳，色淡红，味微咸的次之。

提供者：广州市李欣阳，促销员

◎优质罐头食品保留了新鲜原料的营养

29 二看一敲选好罐头

罐头食品种类繁多，但如何挑选好的罐头呢？

一看商标：仔细阅读商标，有助于选择适合自己的罐头。如商标未经工商部门注册批准，就很难保证质量。

二看罐头外壳：正常的应是罐身清洁，有光泽无锈斑，焊锡完整，罐底和盖稍凹。

三敲听音：用手指弹击，或用金属棒或竹制小棍敲击罐头的底或盖，根据声音鉴别其质量。质量好的罐头，声音清脆、音实；质量较次的，容量不足，顶隙大，声音浑浊，发空声；变质的罐头，声音为沙哑声。

30 选对优质姜

生姜对人体有很多的益处，但是买生姜的时候要注意了，可别买到毒生姜。

生姜正品呈圆柱形，多弯，有分枝。长5~8厘米，直径0.5厘米。表面棕红色至暗褐色，每节长0.2~1.0厘米。断面灰棕色或红棕色，气芳香，味辛辣。

伪品呈圆柱状，多分枝，长8~12厘米，直径2~3厘米。表面红棕色或暗紫色，有环节，节间长0.3~0.6厘米。断面淡黄色，气芳香但比正品香气淡，味辛辣。其所含挥发油对皮肤及黏膜有刺激作用。

31 咸鱼招苍蝇才好

有时候吃的饭菜不够香，可以来上一小碗咸鱼配饭，能吃得很香。所以，常到市场选购一些又香又好吃的咸鱼备在家里，以备不时之需。买咸鱼的经验有以下几点：所有咸鱼均体形完整端正，表皮干净，如果表皮起盐霜，则咸鱼过咸。实肉咸鱼肉质带有弹性，用手指挤压下陷能回弹，有鱼香；酶香咸鱼肉质松软，香味浓烈。如果肉质结实过硬，加工时可能放进硼砂或防腐剂，无香且不招苍蝇的不可食用。

◎咸鱼是腌渍的食物，少食味美，多食易导致鼻咽癌

提供者：福州市台江区，杨毅文，工程师

32 新鲜蒜薹条长无梗

选购蒜薹时应挑选条长适中、新鲜脆嫩、白色部分软嫩、无老梗现象，绿色部分尾端不黄、不蔫、无破裂、手掐有脆嫩感者为佳。

提供者：大连市吴昊萍，培训讲师

33 识别不同品类的辣椒

辣椒在调味中起到画龙点睛的作用，在家常、麻辣、香辣等很多味型的菜肴中都是必不可少的作料。辣椒的品种很多，从食味上可以分为辣、甜、辣中甜三类。

辣椒类，果形较小，其中北方六七月上市的皮色青黄的包子椒，辣味较淡；六月上市的形小肉薄的小辣椒，辣味较强；八九月上市的长尖圆形、紫红色的小线椒（有的称朝天椒，有的称一窝猴等），辣味最强。

甜椒类，果形大，似灯笼，故名灯笼椒或柿子椒，滋味发甜，果形呈扁柿形，肉厚，味甜稍辣，是腌酱辣椒的优良品种。

34 长短丝瓜不同选法

丝瓜是夏季主要蔬菜之一，嫩瓜供食用，适炒食、做汤。

丝瓜的种类较多，常见的丝瓜有线丝瓜和胖丝瓜两种。线丝瓜细而长，购买时应挑选瓜形挺直、大小适中、表面无皱、水嫩饱满、皮色翠绿、不蔫不伤者。胖丝瓜相对较短，两端大致粗细一致，购买时以皮色新鲜、大小适中、表面有细皱并附有一层白色绒状物、无外伤者为佳。

35 鲜藕粗短肥大

莲藕是冬季养生的最佳选择之一，做菜炖汤都是不错的选择。莲藕一般能长到 1.6 米左右，通常长有 4~6 节。底端的莲藕质粗老，顶端的一节带有顶芽太嫩，所以最好吃的是中间部分。选购时，应选择藕节粗短肥大、无伤无烂、表面鲜嫩的莲藕。

36 质量好的木耳这样挑

有几次买木耳的时候都没有经过挑选，随手一抓，结果买回来的木耳味道不怎么好，甚至是变质或者掺假的。喜欢吃木耳的人，对木耳的质量颇有研究，挑选木耳的经验如下：

质量好的木耳朵大而薄，朵面乌黑光润，朵背略呈灰色。用手摸干燥、分量轻，用嘴尝清香而无味。掺假的木耳朵厚，朵片往往粘在一起，有潮湿感，

分量较重。用嘴尝如有咸味，说明木耳已被盐水泡过；如有涩味，说明木耳已被明矾水泡过；如有甜味，说明木耳用糖稀拌过。

这些掺假木耳较正常木耳重，有的甚至重一倍以上，质量也较差。

提供者：长沙市万玲，行政经理

37 上品香菇香味纯正

很多人都喜欢香菇的味道，经常做香菇鸡汤、香菇炒肉等菜肴。买到好香菇也需要一些经验：

菇伞为鲜嫩的茶褐色，肉质具有弹性，才是新鲜的香菇。刚采的香菇，背面皱褶覆有白膜状的物质，若此处呈现出茶色斑点，表示不太新鲜。

提供者：福州市郭芯羽，文秘

38 宜选瓜黄体肥的苦瓜

苦瓜虽味苦，但其清凉降火。购买苦瓜时，宜选果肉晶莹肥厚、瓜体嫩绿、皱纹深、掐上去有水分、末端有黄色者。过分成熟的稍煮即烂，失去了苦瓜风味，则不宜选购。

提供者：深圳市周馨雅，文员

39 生菜应选叶肥嫩绿的

比较常见的生菜有两种，一种是球形的包心生菜，还有一种是叶片竖着长的奶油生菜。购买生菜时应挑选叶片肥厚、叶绿梗白、叶质鲜嫩、无蔫叶、无干叶、无虫害、无病斑、大小适中的。

40 新鲜韭菜齐头飘飘

韭菜作为餐桌上的美味，很多人都喜欢吃。挑到新鲜的韭菜味道会更香哦。

购买韭菜时，可通过以下方法来识别韭菜是否新鲜。查看韭菜根部，齐头的是新货，吐舌头的是陈货。检查捆绑腰部的松紧。一般腰部紧者为新货，松者为陈货。用手捏住韭菜根用力抖一抖，叶子发飘者是新货，叶子飘不起来的是陈货。

41 买有果蒂的番茄

因为番茄有抵抗紫外线的功效，很多人会变着花样吃。这里分享一些挑选番茄的经验。

买番茄时，应选果蒂硬挺，且四周仍呈绿色的番茄，这样才是新鲜的。有些商店将番茄装在不透明的容器中出售，在未能查看果蒂或色泽的情况下，最好不要选购。

◎不要买分量很轻、带尖或有棱角的番茄，这些都是催熟的

提供者：桂林市王芬琪，助理

42 菠菜豆腐不宜煮

菠菜含有大量的 β 胡萝卜素和铁，对健康有益，因此常常买菠菜来炒，久而久之也知道怎么挑菠菜，积累了一些经验：

菠菜主根粗长的，味甜。挑选时菜

叶要无黄色斑点，根部呈浅红色为上品。不过它含有大量的草酸，所以不宜与豆腐一起煮食，会影响肠胃消化。

提供者：沈阳市郭彤烟，家庭主妇

43 雪白肉厚的花椰菜

很多人对花椰菜情有独钟，觉得既美观又可口。所以选购花椰菜时，花了一些心思研究怎样能买到好的花椰菜。

应挑选花球雪白、坚实、花柱细、肉厚而脆嫩、无虫伤、无机械伤、不腐烂的为好。此外，可挑选花球附有两层不黄不烂青叶的花椰菜。花球松散、颜色变黄甚至发黑、湿润或枯萎的质量低劣，食味不佳，营养价值低。

提供者：深圳市高雪华，银行柜员

44 三招挑好黄花菜

黄花菜质量的好坏关系到营养成分的问题，好的黄花菜营养很丰富，坏的黄花菜有可能有毒。怎么样才能鉴别黄花菜质量好坏呢？

看：颜色亮黄，条长而粗壮，粗细均匀者为优质；颜色深黄并略显微红，

条形短瘦，不均匀者质量次之；颜色黄褐，条形短且卷曲，长短不一，带有泥沙的质量最次。

攥：手攥一把黄花，手感柔软有弹性，松开手后黄花也随即松散的，说明水分含量少；松手后黄花不易散开的表明水分含量较多；若松手时有粘手感，证明已有所变质。

闻：闻黄花的气味，有清香者为优质品；有霉味者为变质品；有硫黄味者为熏制品；有烟味者为串烟严重的。

45 宜选肥硕嫩绿的菜豆

菜豆又名四季豆、芸豆、刀豆，新鲜菜豆最好吃，可是你会选购菜豆吗？选购菜豆时，应挑选豆荚饱满、肥硕多汁、折断无老筋、色泽嫩绿、表皮光洁无虫痕，具有弹性者。

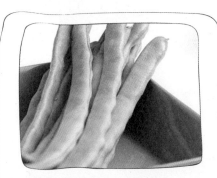

◎菜豆具有调和脏腑、安养精神、益气健脾、化暑消湿以及利水消肿等功效

46 胡萝卜色深为佳

胡萝卜以肉质根做蔬菜食用，是一种质脆味美、营养丰富的家常蔬菜，甚至有着"小人参"的称呼。对于皮肤粗糙等情况也有很好的改善作用。在挑选胡萝卜的时候，挑选色泽鲜嫩、匀称直溜，掐上去水分很多的为佳。

还要注意，胡萝卜的外部比内部甜，所以挑选较小的胡萝卜为好，而且细心的比粗心的好，颜色深的比颜色浅的好。

◎胡萝卜营养丰富，含有胡萝卜素、钙、铁、磷等多种营养素

47 一眼识破化肥豆芽

夏季是豆芽菜大量上市的季节，有些不法商贩为了私利，用非法添加物（通常是化肥）浸泡豆芽菜，所以提醒大家注意。用化肥或除草剂催发的豆芽生长较快、长势和外形都很好，但豆芽的须根很少，也无清香脆嫩的口味。在选购豆芽时，先要抓一把闻闻有无氨味，再看看有无须根，如果发现有氨味和无须根的，就不要购买。

◎用化肥催生的豆芽含有对人体有害的化学成分，常食可致癌

48 新芋头须少有粘泥

芋头很多人都喜欢吃，吃起来很黏的，十分美味。但是有时买的芋头不管怎么煮都太硬，不好吃。后来才知道原来芋头分有水芋及旱芋两大类，再细分就是槟榔芋、红芽芋、白芽芋及荔浦芋多个品种。芋头要选须根少而粘有湿泥、带点湿气的，外皮无伤痕的芋头则最新鲜。

提供者：黄山市陈少玉，小学教师

49 好红薯干净无斑

很多人常常把红薯当午餐吃，也会用来做成红薯糖水。挑选出又甜又香的红薯需要技巧。红薯别名番薯、白薯。分紫、红、白及黄色品种，肉质甜且含大量淀粉，而被称作红薯藤的嫩叶亦可食用。红薯以外形粗圆饱满、外皮干净而没斑点的为佳，相比之下白心红薯含糖分最少。

提供者：北京市李子娟，营养师

50 选腐竹观察柔韧度

腐竹又称腐皮，是很受欢迎的一种传统食品，具有浓郁的豆香味，同时还有着其他豆制品所不具备的独特口感。腐竹的质量决定着口感，你知道如何识别真假腐竹吗？

将少量腐竹在温水中泡软，泡过的水黄而不浑是真货。轻拉泡过的腐竹，如有一定弹性，并能撕成一丝一丝的为真货。温水泡过的腐竹细嚼有柔韧感，假货则没有，反而有一种沙土的感觉。真腐竹可承受100℃高温蒸煮而不烂，假货容易糊烂。

51 挑笋干看质地

怎样挑到鲜嫩好吃的笋干？挑笋干一是要观色泽。色泽淡棕黄，呈琥珀色且有光泽，此为上品；色泽暗黄为中等；呈酱褐色的属下品。二是观肉质。凡笋节紧密，纹路浅细，片形短阔，体厚的为质地嫩。长度超过4厘米，根部大、纤维粗，笋节稀，其质地老。

提供者：杭州市林艳，中学教师

52 皮黄菠萝口感佳

身边很多朋友都喜欢吃菠萝，在市场上购买菠萝因为不能品尝，所以难以分辨，需要多点技巧，才能选到美味香甜的菠萝：

选购菠萝时，应选果个大而饱满，皮色黄中带青，色泽鲜艳，硬度适中，香味足，汁多味甜者为好。成熟的菠萝皮色黄而鲜艳，果眼下陷较浅，果皮老结易剥，果实饱满味香，口感细嫩。若皮色青绿，手按有坚硬感，果实无香味，口感酸涩则尚未成熟。

提供者：大连市许燕，教育顾问

53 甜玉米苞大质糯

很多人爱吃玉米，隔几天就会蒸上几根玉米来吃。好的玉米吃起来清香糯甜，但不好的玉米口感会大打折扣。选购玉米时，应挑选苞大、籽粒饱满、排列紧密、软硬适中、老嫩适宜、质糯无虫者为佳。

提供者：天津市宋文学，教师

54 金枕榴当选长形的

泰国榴梿金枕头是水果之王，市价高昂，怎么选购到物超所值的果王呢？首先，留意果形，外表一定要长形的，尾部的外形是长尖形，如此则皮薄肉丰满，子也会比较小。其次，色泽最好是淡黄绿色或金黄色。至于熟度，可闻闻尾巴处，如果有浓浓的果肉香，当天就可吃，若闻起来味道较淡，则多放几天再吃。

55 挑到好吃核小的芒果

芒果是广受欢迎的热带水果，很多人吃过各式各样的芒果，但你知道怎么挑选好芒果吗？芒果身长核细，或身短核大，且芒果以十分熟时最好吃。以皮色黄澄而均匀，表皮光滑无黑点，触摸时坚实而有肉质感，香味浓郁，果蒂周围无黑点为佳。

◎不要挑绿色的芒果，那是还没成熟的表现；果皮有少许褶皱的芒果更甜

提供者：汕头市叶美琴，人事专员

56 猕猴桃宜选软而弹的

猕猴桃含有丰富的维生素和微量元素，但是市场上90%的猕猴桃都使用过膨大剂，那么该如何挑选优质的猕猴桃呢？

在挑选猕猴桃时，以选择无虫蛀、无破裂、无霉烂、无皱缩、无挤压痕迹的猕猴桃为好。通常果实越大，质量越好。此外还要注意果实的硬度，如果有过硬感，则说明果实尚未成熟；如用指按压有弹性，并稍有柔软感，即为成熟；过软的果实容易烂掉。

57 哈密瓜纹理越粗越好

喜欢吃哈密瓜的人很多，但知道如何挑选味美多汁的哈密瓜的人并不多。哈密瓜表皮纹理愈粗糙愈甜美，红心脆表皮绿白为上品，老黄瓜皮色呈黄稍次。购买时可选取不太熟的，放入冰箱中冷藏一两天，成熟后则香气浓郁了。

提供者：长沙市李小浩，销售员

58 闻香选柠檬

柠檬无论是泡水喝，还是直接吃，营养价值都很高。每次去超市都可以买上几颗柠檬，据说柠檬可以起到一定的美白效果。挑选柠檬应以色泽鲜亮滋润，果蒂新鲜完整，果形正常，果身坚实无萎蔫现象，果面清洁无褐色斑块，有浓郁的柠檬香者为佳。

59 正宗沙田柚头短底圆

国产柚子中，比较常见的柚子，以广西容县沙田柚为最好。怎样才能挑到脆甜甘香的沙田柚呢？

沙田柚的果实上端是个短颈，下端大而圆，每个重量不等，一般是500~1000克，底部有个金钱状痕迹，皮油黄。柚肉甜润多汁，香脆爽口，是秋冬的佳果。因它有一层厚皮，便于长途携带，能较长时间保存柚肉不变质，被人们誉为天然罐头。

◎沙田柚营养价值丰富，具有健胃、润肺、补血、清肠等功效

提供者：杭州市周怡彤，司仪

60 好龙眼透明又柔韧

龙眼又叫桂圆。质量好的龙眼果肉呈透明褐色状，有光泽，表面皱纹明显，肉质柔韧，耐煮。质量差的龙眼果肉色泽暗褐不透明，光泽性差，摇动干果时有明显响动，肉质软，水易烂。

提供者：深圳市章徐丹，水果店主

61 荔枝种类各不一

荔枝，别称三月红，又名玉荷包，果色青绿带红，皮壳厚脆，龟裂纹片大小不一，果顶龟裂尖细刺手，裂纹明显，果粒大，上宽下尖，呈扁心形，核大。

黑叶果实卵圆形或歪心形，中等大，壳薄，色暗红，龟裂片平钝，大小均匀，排列规则，裂纹和缝合线明显，果核大。

桂味果实似球形，中等大，果壳薄脆，浅红色，龟裂片突起呈不规则圆锥形，果壳尖锐刺手，从蒂两旁绕果顶一周，有较深的环线沟，裂纹和缝合线明显，有桂花香味，果核有大有小。

米枝又称糯米滋，果形上大下小，扁心形，个头大、鲜红色，龟裂片大而隆起，果壳平滑无刺，果肩一边显著隆起，蒂部略凹，果顶浑圆，肉厚核小。

槐枝果实球形或近圆形，中等大，果实厚韧，龟裂片大而半阔，排列不规则，果壳平滑，裂纹浅阔，果色暗红，核大多于核小。

62 挑选甜葡萄四法

葡萄枝藤很美，叶子在架子上缠绕蔓延，挂满了一串串葡萄。待成熟时摘下的葡萄特别甜，看葡萄好不好得看以下几点。

一看色泽：新鲜的葡萄果梗青鲜，果粉呈灰白色，玫瑰香葡萄果皮呈紫红色，牛奶葡萄果皮呈锈色，龙眼葡萄果皮呈琥珀色。不新鲜的葡萄果梗霉锈，果粉残缺，果皮呈青棕色或灰黑色，果面润湿。

二看形态：新鲜并且成熟适度的葡萄，果粒饱满，大小均匀，青子和瘪子较少；反之则果粒不整齐，有较多青子和瘪子混杂，葡萄成熟度不足，品质差。

三看果穗：新鲜的葡萄用手轻轻提起时，果粒牢固，落子较少。若果粒纷纷脱落，则表明不够新鲜。

四尝味：品质好的葡萄，果浆多而浓，味甜，且有玫瑰香或草莓香；品质差的葡萄果汁少或者汁多而味淡，无香气，具有明显的酸味。

提供者：中山市黄子琦，幼师

63 盐水桃识别有招

桃子很美味，一直很爱吃，一见到桃子就会买上几斤。有时不小心就会买到盐水桃，这种桃是不能多吃的，也不新鲜。那是浇过盐水（盐、味精、甜蜜素等混合液体），再加入明矾催化的桃子。上述配料快速渗入果肉，经过特殊处理的桃子不仅重量增加，卖相和口感也有所提升。

想要避免买到盐水桃,选购的时候关键是用手摸,表面毛茸茸有刺痛感的是没有被浇过水的,以稍用力按压时硬度适中不出水为宜,太软容易烂。颜色红的不一定甜,桃核与果肉分离的不要买,粘在一起才甜。

提供者:苏州市赵凌蕾,新闻记者

64 隔皮猜西瓜生熟

一看:就是看西瓜的外壳。熟西瓜表面光滑、瓜纹黑绿、瓜体匀称、花蒂小而向内凹、瓜柄呈绿色、没有干枯的现象。

二摸:就是用手摸瓜皮,感觉滑而硬的为好西瓜,发黏或发软的为次西瓜。

三拍:就是用手托住西瓜,轻拍后用食指和中指弹敲。熟瓜会发出"嘭嘭嘭"的闷声,生瓜会发出"当当当"的清脆声,如发出"噗噗噗"声则为过熟的瓜。

四掬:就是用双手掬起瓜放在耳边轻轻挤压,熟瓜会发出"滋滋"声。五弹:就是托起西瓜用手弹震西瓜。托瓜的手感到颤动震手的是熟瓜,没有震荡的是生瓜。另外,还可以用水来测试,把西瓜放进盛有水的桶里,熟瓜可以浮在水面上,生瓜则沉入水底。

65 分辨打激素的水果

激素水果,即用细胞分裂素催熟的水果,对人体健康不利。凡是激素水果,其形特大且异常,外观色泽光鲜,果肉味道平淡。反季节蔬菜和水果有不少是激素催成的。如早期就上市的长得特大的草莓、外表有方棱的大狝猴桃,大都是施用了膨大剂。而通过激素催熟的荔枝和切开后瓜瓤通红但瓜子却还没成熟且味道不甜的西瓜,也多是施用了催熟剂的,还有喷了雌激素的无子大葡萄,等等。如果经常吃这些激素水果对健康极为不利。

◎激素水果易导致儿童性早熟

66 宜选个大青绿橄榄

想要挑选到优质好橄榄，相当依靠经验。据有经验人士透露，购买橄榄时应以个大、色青绿或绿中带黄、肉厚、外呈圆形、大小适中、表面无褐黄斑者为上好。

提供者：桂林市李晓烟，摄影师

◎松子味甘、性平，具有补肾益气、养血润肠、润肺止咳等功效

67 核桃选浅褐色外壳

质量好的核桃壳体呈浅黄褐色，有光泽，核桃仁整齐、肥大，无虫蛀，味道醇香，未出过油，用手掂掂有一定分量。如壳体深褐色，晦暗无光泽，则是陈年核桃，不宜选购。

68 色亮粒大的松子

吃松子有利于提高免疫力，强身健体。松子以炒食、煮食为主，不论年老年少，皆可食用。

松子以色泽光亮，壳色浅褐，壳硬且脆，内仁易脱出，粒大均匀，壳形饱满的为好。壳色发暗，形状不饱满有霉变或干瘪现象的不宜选购。

69 栗子选颗粒均匀的

板栗营养价值较高，在坚果中被称为"干果之王"。经常听到有人说，买来的栗子吃起来味道不如从前，而且放不了几天就都腐烂了。那说明你买的是品质不好的栗子，所以一定要掌握正确的挑选方法。

观色：外壳略红，红中带褐、赭等色，颗粒均匀有光泽者一般都较好。若带有黑影的，则表明果实已被虫蛀或变质。

捏果：用手捏栗子，感觉颗粒坚实者，一般都果肉丰满；如捏之有空壳感，则表明果肉已干瘪，或果肉已酥软。

品尝：好的栗子果仁淡黄、结实、肉质细密、水分较少，甜度高、糯质足、香味浓；反之，则硬性且无味。

70 杏仁选浅黄略红的

杏仁的营养成分很多，具有止咳平喘的养生功效。在选购杏仁的时候，应注意以下几点。

杏仁应选颗粒大、均匀、饱满、有光泽的。杏仁形状多为鸡心形、扁圆形或扁长圆形。杏仁的仁衣为浅黄略带红色，色泽清新鲜艳。杏仁皮纹清楚不深，仁肉白净。同时，要干燥，成把捏紧时，其仁尖有扎手之感，用牙咬松脆有声。如果仁体有小洞的是蛀粒，有白花斑的为霉点，不能食用。

◎杏仁味苦、性温，含有丰富的黄酮类化合物，对人体健康具有广泛的作用

71 选购果汁得仔细看看

很多人都很爱喝果汁，怎样才能选到健康好喝的果汁？选购方法主要有以下三点：

一要看包装是否完好，纸包装盒看有无挤压变形和磨损，玻璃瓶、聚酯瓶看瓶盖密封是否严密。

二要看配料表，看配料表中有没有标注防腐剂，饮料中常用的防腐剂有山梨酸、山梨酸钾、苯甲酸、苯甲酸钠等。

三要看果汁的生产日期，购买时要注意选购近期产品。

提供者：广州市邝枝桂，小学教师

72 好咖啡要够香

大家都喝过咖啡，那大家懂怎么选好咖啡吗？

选择好的包装：咖啡是很容易跑味和变味的饮品，采用密封罐装和真空包装，都能较好地保存咖啡原有品质，而纸袋及非密封袋装则会影响咖啡固有的品质。

选择有香气的咖啡：真咖啡含咖啡碱，具有特殊香气。劣质咖啡一般是过期或密封不严受潮造成结块，香气滋味明显变化，往往香气消失，喝时有异味。

提供者：上海市李莉，咖啡店主

73 选奶粉一看二挤三捏

想必很多妈妈都为孩子的奶粉烦恼过，现在母婴店的奶粉种类那么多，好奶粉该怎么选？

首先，看奶粉包装物，核查奶粉的制造日期和保质期。

其次，挤压奶粉的包装，看是否漏气。在选购袋装奶粉时，双手挤压一下，如果漏气、漏粉或袋内根本没气，说明该袋奶粉已有质量问题，不要购买。

最后，捏奶粉包装。通过捏检查奶粉中是否有块状物。对于罐装奶粉，一般可通过罐装奶粉上盖的透明胶片观察罐内奶粉，摇动罐体观察。奶粉中若有结块，则证明有产品质量问题。

74 三招喝到好豆浆

豆浆营养又好喝，但如今假豆浆有很多，辨别豆浆的好坏有窍门。

一看外观：优质豆浆应为乳黄色，即乳白略带黄色，倒入碗中有黏稠感，略凉时表面有一层豆皮，这样的豆浆浓度高，彻底熟透。

二闻气味：优质豆浆做好后，有一股浓浓的豆香味，而劣质豆浆则为一股令人不舒服的豆腥味，喝了容易导致腹泻。

三尝口味：做好的豆浆喝一口，若豆香浓郁、口感爽滑，并略带一股淡淡的甜味，则为优质豆浆。反之，口感不佳，其味淡若水，则为劣质豆浆。

◎豆浆是一种老少皆宜的营养食品，享有"植物奶"的美誉

提供者：天津市赵丹丽，家庭主妇

75 茶叶质量四点看端倪

市场上的茶叶质量问题不少，怎么辨别茶叶的真假？对茶叶是比较了解的人如何买茶？下面介绍茶叶的一些辨别技巧。

看匀度：将茶叶倒入茶盘里，手拿茶盘按同一方向旋转数圈，使不同形状的茶叶分出层次。中层茶叶越多，表明匀度好；反之，则匀度差。

看色泽：绿茶以翠绿有光的为质量好；红茶以褐而带油润的为质量好。如绿茶含有较多的白毫，红茶含有较多的橙黄色芽头，则均为高级茶。

看条索松紧：紧而重实的质量好；粗而松弛，细而碎的质量差。

看净度：茶叶中有较多的茶梗、叶柄及杂质的质量差。

◎酸奶是一种功能独特的营养品，长期坚持喝，还能调节机体内微生物的平衡

◎喝茶不仅是传统习惯，而且具有养生保健的功能

76 小心那些变质的酸奶

过期的酸奶喝了对人体很不好，甚至会食物中毒。怎么识别酸奶有没有变质呢？

合格的酸奶凝块均匀、细腻、无气泡，表面可有少量的乳清析出，呈乳白色或稍淡黄色，喝起来酸甜可口，有一种酸牛乳特有的香味。

变质的酸奶，有的凝块，呈流质状态；有的酸味过浓或有酒精发酵味；有的冒气泡，有一股霉味；有的颜色变深黄或发绿。变质的酸奶都不可食用。

77 买鲜奶要有技巧

很多上班族的早餐就是每天早上一杯鲜奶加面包。喝的牛奶是否新鲜，有下面妙招去辨别：

通常，新鲜的牛奶色白或微黄，具有奶香味；不新鲜的牛奶色泽深黄，呈红色或杂色，发黏，有酸味或鱼腥气，煮沸后有凝固物。同时，新鲜的牛奶能够沉于清水中；不新鲜的牛奶浮于水面且立即散开。另外，把一滴牛奶滴落在指甲上，如果呈球状，停留于指甲上就是新鲜的；如果立即流走的则不新鲜。

提供者：广州市田心洁，幼师

食材清洗

1 碱水清洗猪皮上的印章

有时从市场买回来的猪肉表皮上有蓝色印章，这种印章很难清理，用盖有印章的肉来做菜也影响食欲。但母亲总有办法清洗干净，方法：将食用碱均匀地涂抹在印章上面，几小时后除了印得比较深的部分，印章的痕迹大部分会消失。

提供者：大连市李晓夕，网络推广员

2 拔鸭毛不再麻烦

处理鸭子最麻烦的就是拔毛，每次杀好鸭子后还会瞧见许多细毛，如果使用方法不当是很难拔下来的。有高人会用几种方法给鸭子拔毛，鸭毛会拔得干干净净。

水烫法：烫鸭子的水不要烧开，鸭毛孔遇到100℃的沸水后就要收缩，鸭毛就不易拔脱了。

灌酒法：杀鸭前先给鸭子灌上一小盅黄酒，没过多久，鸭毛孔就舒张开来，鸭毛很容易拔掉。

加盐法：鸭子宰杀后，即刻用冷水将鸭毛浸湿，然后再用热水烫，在烫鸭子的热水中加入一小汤匙食盐，所有的绒毛就都能拔干净。

◎用比较烫的热水浇在鸭子身上，鸭子身上的毛孔会打开，就比较容易去除鸭毛了

提供者：长沙市薛朝文，化妆师

3 热水烫洗带鱼去腥

带鱼表面总有一层白色的物质，如果不能清除干净，做出来的带鱼就会非常腥。用什么办法可以去除呢？

热水烫洗法：将带鱼放入80℃的热水中烫10分钟，再放入冷水中用刷子刷洗，鳞就会去掉。如带鱼较脏，可用淘米水清洗。

碱洗法：带鱼身上的腥味和油腻较大，用清水很难洗净，可把带鱼先放在碱水中泡一下，再用清水洗，就会很容易洗净，而且无腥味。

4 松花蛋敲孔剥壳

很多人喜欢吃松花蛋，用来煮粥、凉拌都很好吃。由于松花蛋的皮难剥，一不小心就浪费掉很多。有个小妙招，剥松花蛋不仅剥得快，而且保证个个都很完整。即将松花蛋的大头剥去泥和蛋壳，小头剥去泥，再在小头处敲1个小孔，然后用嘴从小孔往里吹气，整颗松花蛋的壳就很容易剥下了。

提供者：福州市陈心岚，家庭主如

5 猪腰除腥法

很多人都喜欢吃猪腰，但是如果处理不好的话，做成菜之后会有很大的腥味。这个腥味该怎样去除呢？首先将猪腰剥去薄膜、剖开、剔除污物筋络，切成所需的片或花状，用清水漂洗一遍，捞出沥干，用500毫升白酒拌和捏挤，

然后用水漂洗2~3遍，再用开水烫一遍，捞起后便可烹制。

◎猪腰主要具有补肾气、消积滞、止消渴的功效

6 妙用盐醋清洗猪肠

买回猪肠不会洗，或嫌洗起来麻烦，其实方法很简单。先将猪肠放入盐、醋的混合液中浸泡片刻，再将其放入淘米水中泡一会儿，然后在清水中轻轻搓洗2遍即可。如果在淘米水中放几片橘皮，异味更易除去。

7 石灰水巧洗牛肚

有人爱吃牛肚，炒牛肚很美味。只是牛肚清洗不太容易，外面看着挺干净的，其实它黏黏脏脏的一点都不好洗，而且牛是反刍动物，因此牛肚上难免会沾上一些食物碎屑。

有个绝招能帮到你：将50克生石

灰，加入 100 毫升清水，溶解成石灰水。把 1 个牛的千层肚先用清水冲洗掉粪便，加入石灰水，揉搓，揉掉粗皮，再浸入清水中，用刀刮去余皮，用清水冲净浸泡 20 分钟，即成白净牛百叶。

提供者：哈尔滨市陈华萍，面包师

◎刚买回来的螃蟹，可将其放在加盐的清水中喂养几日

8 清洗螃蟹有妙招

大家在饭店吃的螃蟹，都是已经做好的，如果自己做螃蟹吃，为了能吃到干干净净的大闸蟹，第一步就是清洗。螃蟹的污物比较多，用一般方法不易彻底清除，因此清洗技巧很重要。

先将螃蟹浸泡在淡盐水中使其吐净污物，然后用手捏住其背壳，使其悬空接近盆边，双螯恰好能夹住盆边，用刷子刷净其全身。再捏住蟹壳，扳住双螯，将蟹脐翻开，由脐根部向脐尖处挤压脐盖中央的黑线，将粪挤出，最后用清水冲净即可。

9 鸡蛋清洁应用干布擦

买回的新鲜鸡蛋上面一般会有泥巴、羽毛和鸡屎粘在壳上。蛋的外表不干净时，最好不要用水冲洗，这样会洗掉蛋壳上的保护膜，使得蛋容易吸收冰箱的异味，最好是用干布擦拭。

10 妙用盐搓洗小黄瓜

黄瓜很脆，吃起来清爽，但黄瓜有很多刺，每次用手洗感觉不舒服不说，还洗不太干净，口感也不好了。

有个洗黄瓜的技巧：利用流动的清水用手充分搓洗 3 遍左右，接着将盐撒在砧板上，用两手轻轻地来回搓动砧板上的小黄瓜。如此一来，可利用盐在黄瓜表皮上搓出伤痕，渗透在表皮下的农药便会渗出，再用流动的清水将盐清洗干净即可。

提供者：沈阳市邵颖晃，家庭主妇

11 盐水浸泡洗木耳

清洗木耳可不是什么简单事，因为木耳的褶皱里藏有沙土和细小的脏东西，就算用手挨个洗也不好洗干净。有厨房高人分享了一个洗木耳的技巧，洗得很干净。

具体方法：将木耳放在盐水里浸泡1小时左右，然后用手抓洗，再用冷水洗几次，即可清除沙土。

提供者：桂林市李佳诗，大学生

12 芋头焯开水巧去皮

毛芋头的汁液里含有生物碱，这种成分对皮肤有刺激性，所以接触皮肤时会让人感到很痒，因此芋头去皮需要一定的技巧。先将芋头洗干净，再将芋头放进开水里，稍微焯一下就捞出，芋头的皮就很容易剥了，而且剥得很薄。

13 开水煮土豆轻松去皮

土豆很难去皮，表面大多凹凸不平，很多人平时经常连皮带肉的一起削掉，十分浪费。有个窍门就是把土豆放入开水中煮一下，然后用手直接剥皮，很快就将皮去掉了。

◎土豆加热后，土豆皮能很轻易地与土豆肉分离

提供者：长沙市赵英珍，糕点师

14 豆芽浸水去漂白

市场上出售的豆芽菜通常用含有亚硫酸等化学物质，因此，必须将豆芽菜浸水，使那些不利于健康的物质溶解在水里，再放入加了醋的热水中烫30秒，才可食用。

15 清洁球擦藕皮干净

每逢秋季莲藕上市，大家都会采购一些做菜。鲜藕做菜须去皮，但用刀削皮往往削得薄厚不匀，削过的藕还容易发黑。如果用金属丝的清洁球去擦，这样擦得又快又薄，就连小凹处都能擦得干干净净，去完皮的藕还能保持原来的形状，既白又圆。

提供者：杭州市陈莹珍，网络编辑

16 醋水泡洗西芹

芹菜虽好，但想要清洗干净却比较麻烦。首先，将叶和茎分开，置于流动的清水下冲洗 1~2 分钟，再浸泡在醋水中（3 杯水加 1 大匙醋）。为使芹菜和醋水接触的面积增大，可将芹菜切薄片，浸泡 5 分钟后再用水冲洗干净。

17 洗甜椒要先摘果蒂

多数人在清洗甜椒时习惯将它剖为两半，或直接冲洗，其实是不正确的。因为甜椒独特的造型与生长的姿势，使得喷洒过的农药都累积在凹陷的果蒂上。因此要先摘下果蒂再清洗。

◎可将甜椒先在加盐的清水中浸泡一会儿再清洗

18 水焯鲜笋去苦涩

总觉得新鲜竹笋往往带有苦涩味，后经有经验的人指点，做出的竹笋味道变得清甜。做法：烹调时，可将新鲜笋去壳或经刀工处理再放入沸水中焯，然后用清水浸漂，即可除去苦涩的味道。

提供者：杭州市陈莹珍，网络编辑

19 开水去菠菜苦涩味

菠菜营养丰富，但有涩味，可先把菠菜在开水中烫一烫，捞起再炒，既可去掉涩味，又可去掉草酸。草酸与钙结合后沉淀为草酸钙，若不去掉，会影响菠菜本身所含的钙在人体内的吸收。

20 开水泡番茄易剥皮

去皮番茄味道更好,有个妙法能快速去除番茄的皮。

先把番茄放在开水碗内浸泡一会儿,或把番茄放在碗内,用开水均匀冲浇,取出后用手轻轻地撕,就可将皮撕掉。先用刀在番茄顶部画个十字,可深入番茄肉内。开火煲水,把番茄放在热水中浸 10~30 秒,放番茄前要用有洞的圆勺盛着番茄,一旦发现番茄皮呈现松开现象,便要及时捞起。最后把番茄浸泡在水中,慢慢剥除番茄皮即可。

提供者:杭州市陈莹珍,网络编辑

21 盐水洗蘑菇

蘑菇口感鲜美、细腻嫩滑,有提高免疫力、防癌抗癌等功效。但新鲜的蘑菇很脆嫩,而且伞状菌盖上有黏液,灰尘很容易粘在上面。

蘑菇表面有黏液,粘在上面的泥沙不易被洗净。洗蘑菇时在水里放点儿食盐,再浸泡一会儿才能洗去泥沙。

提供者:杭州市陈莹珍,网络编辑

22 葡萄用盐清洗很干净

葡萄是很多人喜欢的水果之一,每次经过卖葡萄的小摊总忍不住买来吃。为了吃到干净鲜甜的葡萄,吃之前要好好清洗葡萄。网上说用面粉洗,其实那样洗不太干净,经多次实践总结出了妙法:

先拿剪刀将葡萄剪到根蒂部分,使其保留完整颗粒,再浸泡于稀释过的盐水中杀菌,冲洗后表面还残留一层白膜,可挤些牙膏,把葡萄置于手掌间,轻轻搓揉,过清水之后,便能完全晶莹剔透。用盐清洗过的葡萄非常干净,吃起来更安心。洗葡萄的过程一定要快,避免葡萄吸水胀破,容易烂掉。用清水冲洗葡萄至没有泡沫即可,冲洗后再用筛子沥干水分即可,随吃随拿。

◎葡萄营养丰富,具有补脾健胃、除烦止渴、利小便等功效

23 细盐搓去桃子的绒毛

又大又红的桃子可好吃了，不过毛茸茸的可不好下口，有个洗桃子的妙招。将桃子用水淋湿，先不要泡在水中，抓一撮细盐涂在桃子表面，轻轻搓几下，注意要将桃子整个搓，接着将沾有盐的桃子放进水中浸泡片刻，最后用清水冲洗，桃毛即可全部去除。

24 水煮红枣快速去皮

红枣的补益、调和作用主要在于枣肉。红枣的皮，食用时通常都吐去，因为它的性味和枣肉稍有不同。将干的红枣用清水浸泡 3 小时，然后放入锅中煮沸，待红枣完全泡开时，将其捞起剥皮，很容易就能剥掉。

25 栗子巧剥皮

栗子很多人都爱吃，但是栗子皮难以去除也是众所周知的，最好是在煮之前稍微操作一下。先用刀把栗子的外壳剖开剥除，再将栗子放入沸水中煮 3~5 分钟，捞出放入冷水中浸泡 3~5 分钟，

再用手指甲或小刀就很容易剥去皮，风味不变。

26 洗苹果用盐搓

苹果是最常见的水果之一，通常洗苹果，有时只用水冲一下，并没有洗干净。建议洗苹果时，过水浸湿后，在表皮撒上一点盐，然后双手握着苹果来回轻搓，这样表面的脏东西很快就能搓干净，然后再用水冲干净，就可以放心吃了。

◎苹果所含营养全面，又易消化吸收，非常适合婴幼儿、老人和病人食用

提供者：宁波市钱雪梅，出纳

食物储存

1 淘金法淘出大米里的沙

有时候吃饭，吃到了一两粒沙子，感觉很不舒服。有个窍门是，可用淘金法去除沙子，此法很实用。方法是用大小2个盆，大盆中装多半盆清水，大米和适量水放入小盆，连盆浸入大盆水里。来回摇动小盆，不时地将处于悬浮状态的大米浸入大盆。如此反复多次，小盆底部只剩少量大米和沙子。若方法掌握得好，可将大米全部排出，小盆底只剩沙子。

提供者：沈阳市刘梦琪，家庭主妇

2 袋装生石灰贮藏枸杞

枸杞是一年四季都可服用的中药，所以很多人都会备一些在家里，时不时给汤加料补味。但枸杞很容易受潮，可以在塑料袋中放入装有生石灰的小麻袋，然后将去除杂质的枸杞放入塑料袋中，烤封塑料袋口，抽出袋内空气，置阴凉处贮存。

应用此法，需随时检查，防止漏气。

另外，生石灰不可过多，应视枸杞含水量和其他情况而定。

提供者：哈尔滨市李向萌，大学生

3 酱油煮沸可长期保存

酱油是一种发酵豆制品，品质稳定，保存条件适当可长期保存。先将酱油煮沸，待冷却后再装入酱油瓶内，然后再滴上几滴白酒，经这样处理后，既干净卫生，且存放时间长。但不可多次煮沸，以免营养丧失。

4 海蜇浸泡保存法

味道鲜美的海蜇保存不当，容易变质。按500克海蜇、50克盐、5克矾的比例，用温开水将矾和盐化开，待其冷却后倒入盛放海蜇的坛子，浸过海蜇为宜，然后将海蜇密封，即可保存1周。

5 用食盐储存植物油

植物油是居家不可少的烹调用油，可是很多家庭在储存方面不讲究，导致油很快就氧化酸败了。可将适量食盐加热，放凉后倒入油中，可将油中少量水分吸收。这样不仅能延长保存期，且炒菜时油不易喷溅。

◎植物油中主要含有维生素、钙、铁、磷、钾、脂肪酸等营养素

6 鲜鱼置咸水中冰冻发干

鲜鱼储存在冰箱冰柜中，水分很容易流失而使鲜鱼发干。其实防鲜鱼发干有窍门，将鲜鱼放置在盐水中冰冻，可避免直接放在冰柜中储存的发干现象。

7 米糠存咸肉

在乡下保存咸鱼咸肉有一妙法，用此法储存的咸肉既保持了原本风味，且尝起来有一股特别的酒香。做法即选用米糠，将咸肉埋在米糠里，这样不仅可以起到保鲜的作用，还让肉质更细嫩。

提供者：大连市沙河口区，张亦玉，主妇

8 蜂蜜保存鲜肉

常温下保存鲜肉有妙法。先将猪肉切成 10 厘米见方的方块，然后在猪肉上涂上蜂蜜，再用线把肉穿起来，挂在通风处，可存放一段时间，且肉味会更加鲜美。

提供者：东莞市刘冰冰，销售

9 家养活螃蟹

买到的螃蟹当天不吃，或者买的螃蟹是几天的量。怎样保存鲜活的螃蟹？将蟹放入 1 个敞口比较大的容器里，放进沙子、清水、芝麻和打碎的鸡蛋。将装活蟹的容器放在阴凉的地方即可。

10 活鱼存活法

把鱼嘴扒开，滴几滴白酒，然后放置在阴凉、黑暗处，鱼盆盖上能透气的盖，可使鱼存活数日。

11 鲜鱼泡盐水不变质

有时，买回的鲜鱼并不立即宰杀烹食，而需在家中存放一段时间，建议使用盐水浸泡鲜鱼。

方法是宰杀后的鱼不水洗、不刮鳞，将内脏掏空，放在 10％ 的盐水中浸泡，可保存数日不会变质。也可将鱼开膛、洗净，取芥末适量，涂抹于鱼体表面和内腔，或均匀地撒在盛鱼的容器中，密封保存。

提供者：天津市李光雪，厨师

用沸水或滚油断生，凉后放入冰箱。这样即使虾死后其红色也不会消失，而且最主要的是这样做可以保住虾的鲜味，口感与活虾没有区别。

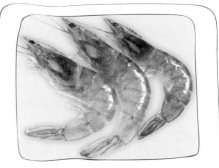

◎虾的营养价值很高，能抗衰老、增强人体的免疫力

12 莲藕浸水保鲜法

买回鲜藕一时吃不完，可以用浸水法保存。此法经过多次实践，能大大延长莲藕的保存时间。

具体方法：将莲藕洗净，从节处切开，使藕孔相通，放入凉水盆中，使其沉入水底。置盆于低温避光处，夏天1~2 天、冬天 5~6 天换一次水，这样夏天可保存 10 天，冬天可保存 1 个月。

13 鲜虾煮沸保鲜法

活虾最好是水养保鲜，但不具备此条件时，一友人介绍一妙法：可将鲜虾

14 生姜埋沙保鲜法

有个窍门保存生姜的方法很好用，可以让生姜久存不霉烂，也不干。准备一些湿润的黄沙和用来贮藏物品的罐子。先将湿润的黄沙放在罐子里，再将生姜埋在黄沙里，即可保存 2 周。

提供者：北京市刘志辉，餐厅经理

15 白醋泡蒜保鲜法

买回的新蒜没过多久就长芽了，或者烂掉。如何延长大蒜的保鲜期？可将

蒜头放入白蜡液中浸泡一下，使之表面形成一层薄薄的蜡衣，从而与外界空气隔绝。捞出后放入篮子里，悬挂在阴凉通风的地方。

将皮白、圆整、无虫蛀的大蒜头装进放入适量精盐的塑料袋，扎紧口。放置15~18℃的环境中，可保存几个月。不过，每隔一周应解开口透透气。发现干瘪、霉烂者，及时取出，以防传染。

16 妙用白菜保鲜韭菜

韭菜买回来之后，很快就会有些叶子变得枯黄，甚至会糜烂掉，所以一般不敢多买。分享一个有效保存韭菜的方法：用菜刀将大白菜的根部切道口子，掏出菜心。将韭菜择好，不洗，放入白菜内部，包住，捆好，放在阴凉处，不要沾水，能保存2周之久，不霉、不烂，不失其鲜味。

17 小黄瓜冷藏法

黄瓜新鲜嫩绿、口感甘爽，不仅营养丰富，而且还是女性的美容佳品。不过，买回来的黄瓜存放一段时间后，看上去就不那么新鲜了。小黄瓜在常温下会慢慢变干，可冷藏保存。先将小黄瓜

外表水分擦干，放入密封保鲜袋中，袋口封好后冷藏即可。

◎小黄瓜具有清热利水、解毒消肿、生津止渴等功效

18 芹菜根部泡水保鲜法

芹菜是高纤维食物，贮藏芹菜时，可将新鲜、整齐的芹菜捆好，用保鲜袋或保鲜膜将茎叶部分包严，然后将芹菜根部朝下，竖直放入清水盆中，如此可让芹菜1周内不黄不蔫。也可以将芹菜叶摘除，用清水洗净后切成大段，整齐地放入饭盒或干净的保鲜袋中，封好盒盖或袋口，放入冰箱冷藏室，随吃随取。

19 酒坛子储存冬笋妙法

取酒坛（或罐、缸），将冬笋放入，用双层塑料薄膜将盖口扎紧，或取不漏气的塑料袋，装笋后扎紧袋口，可保鲜20~30天。

◎用酒坛子保存冬笋，具有保湿的功效

20 豆腐泡盐水保鲜法

有高人传授一个保鲜豆腐的小窍门。要使豆腐2~3天不坏，可将没有吃完的豆腐放入烧开、经冷却后的盐水中浸泡，这样保存的豆腐不失其原味。

21 妙用丝袜保存洋葱

很多人爱用洋葱炒菜，通常一次买回很多洋葱备着。为了使洋葱不容易坏掉，有一巧妙的法子，用来保存洋葱效果很好。

方法：将洋葱1个个装进不用的丝袜里，在每个洋葱中间打个节，使它们分开。将其吊在通风的地方，就可以使洋葱保存好久而不会腐坏。

提供者：河源市郭惠羽，文员

22 木箱垫草贮存苹果

买了一箱苹果，如何储存苹果，是一个大问题。

有一个巧妙的办法，就是选出一些没有损伤的苹果，准备1个洁净、无病虫的木箱或纸箱，将经过挑选的苹果用纸包好，整齐地码放在箱内。为防止果箱磨破苹果，应在箱底及四周垫些纸或草。包苹果的纸要用柔且薄的白纸，纸的大小以能包住苹果为宜。码放的苹果要梗、萼相对，以免被刺伤。苹果与苹果之间可以放一些碎布或草，避免苹果在箱内滚动。将包装好的箱子放置在温度为0～1℃的地方。

提供者：汕头市高婧，家庭主妇

23 柑橘保鲜法

把柑橘浸泡在小苏打水中，1分钟后捞出。待表皮水分晾干后装进塑料袋中，密封袋口，可保鲜3个月。

24 支招保鲜荔枝

把鲜荔枝放进沸水中浸泡几秒钟，然后及时捞起放进5%的柠檬酸和2%的氯化钠水溶液中浸泡约2分钟，捞起

沥干水分，把它放进冰柜中贮存，可保
2~3 个星期不会腐烂变质。

◎荔枝有补脑健身、开胃益脾、促进食欲
之功效

25 塑料袋贮藏栗子妙法

将栗子装在塑料袋中，放在通风好、
气温稳定的地下室内，气温在 10℃以
上时，塑料袋口要打开；气温在 10℃
以下时，把塑料袋口扎紧保存。初期每
隔 7~10 天翻动 1 次，1 个月后翻动次
数可适当减少。

26 保鲜龙眼热烫法

有个保存龙眼的好法，此法为民间
传统保鲜法，且经过多次实践，保存效
果甚佳。

即将整穗的龙眼浸于沸腾的开水中
30~40 秒，以不烫伤果肉为度，热烫取
出后挂在阴凉通风处吹干。处理后的果
实放置 15~25 天，果肉基本保持新鲜
状态，味道更甜。

提供者：北京市刘枫山，退
休人员

27 削皮水果保鲜法

苹果、梨削皮后，如果用醋水洗一
下，可抑制其变成褐色，保持原有的色
素。也可放在淡盐水中，隔日再吃时也
不变色，而且鲜脆可口。这样削过皮的
水果就不会变质，且口感依旧。

提供者：汕头市朱玖珍，小
学教师

食物制作

1 开水煮饭最营养

　　用温水泡米、开水煮饭最有营养。这是因为温水泡米有助于人体对钙的吸收，开水煮饭可以缩短蒸煮时间，防止米中的维生素因长时间高温加热而受到破坏。而且将水烧开，可使其中的氯气挥发，避免煮饭时破坏大米中的 B 族维生素。

2 熬好小米粥的要诀

　　老年人平日喜欢熬小米粥，若要熬得特别香滑美味，就需要一些窍门了。

　　熬小米粥的经验：先将洗净的小米

◎小米粥含有维生素、氨基酸等多种人体所需的营养元素，有滋阴补虚的功效

上笼干蒸 1 次，蒸后放入锅内加水煮。只能用中火，让水面保持微滚，当锅内水高出小米 1.5 厘米左右的时候，转成小火焖煮。听不到锅内水的响声时，可熄火闷煮，10 分钟左右即可食用。用母亲这种方法煮出的小米粥柔软适口，味道好极了。

提供者：深圳市钟雨婷，家庭主妇

3 煮稀饭不外溢的窍门

　　煮稀饭最令人头痛的就是，煮沸的稀饭会溢出锅外，尤其是人不在厨房时，稀饭汁流得灶台上到处都是。一很会居家过日子的老友，介绍了一妙法，可使煮稀饭时不外溢：稀饭煮沸前往锅里滴几滴芝麻油，煮沸后把火关小一点儿，这样不管煮多长时间，稀饭也不会外溢。此法经多人实践，效果甚佳。

提供者：广州市施轩山，退休人员

4 炒出香喷喷的蛋炒饭

将鸡蛋打入碗中，用筷子顺 1 个方向搅拌，然后直接倒入米饭里迅速将蛋饭搅拌均匀。加葱、姜末等调料，用旺火热油稍炒，即成为香喷喷的蛋炒饭了。

5 煮面条加食用油不粘连

除了大米，面条也是常吃的主食之一。很多人煮面条时，常会碰到这样的情况：锅太小，水放得不够，面条就粘在一起，汤容易溢出。

为解决这个问题，有个窍门很好用：煮面条时加一小汤匙食用油，这样面条就不会粘在一起，煮出的面条根根滑爽，而且面汤起的泡沫也不会溢出锅外。

◎煮面条加食用油不仅可以防止面条粘连，还能防止面汤起泡沫，溢出锅

提供者：杭州市何丽媛，会计

6 让粥更滑的窍门

南方人喜欢喝粥，对粥的熬法常有研究，经摸索，终于得一让粥更滑的窍门。

具体做法：熬粥的米要泡一夜，泡过一夜的米会有一些发胀，接下来要把水沥干，放入适量花生油搅拌，直至每一颗米粒都油光可鉴。这样做能使粥更滑。这是因为油吸附能量的本领比水要大得多，当米粒沾上了油以后，沾油的部位可以在短时间内集聚超过水温很多的热能，本来就"军心涣散"的米粒，就会率先在这个部位开花，这是熬粥最关键的要诀。

提供者：广州市张信钰，厨师

7 煮皮蛋瘦肉粥的窍门

煮皮蛋瘦肉粥要预先用水泡米：取约半碗米淘洗干净，用 2 汤匙油、1 茶匙盐和少许水（2 茶匙）拌匀，泡半小时。虽然用了很多油，但是油会在煮粥的过程中挥发，令米绵烂，所以粥喝起来并不油腻。

8 蒸冷冻面食少不了酒

冷冻烧麦、蒸饺及包子，去除包装袋后不必退冰，在表面洒上少许酒放入电饭锅、蒸笼、微波炉里蒸熟，芬芳味美。

◎用微波炉蒸面食时，千万不要用高火，宜用小火慢热

9 口感柔软的清汤挂面

煮是烹饪中的一种常用方法，但是根据煮的内容不同，煮也有很多技巧。煮挂面不要等水沸后下面，当锅里有小气泡往上冒时就下面，搅动几下，盖上盖煮沸，加适量冷水，再盖上盖煮沸就熟了，这样煮出的挂面柔软而且汤清。

10 掌握好比例巧制汤圆

通常，50克汤圆粉可以包5个汤圆，和面时面与水的比例约为3：1。由于汤圆粉黏性较强，一般用温水和较好。和好面后直接包馅，不用醒面。如果希望汤圆的颜色有些变化，可以在和面时加入不同颜色的汁水。

11 炸酱面关键在好酱

吃炸酱面，好酱是关键。

现将制作美味炸酱的小窍门介绍给大家：首先要挑选肥瘦适当的肉，切成小丁，黄酱加点甜面酱调稀。然后用旺火把油烧热，用葱末、姜末炝锅，放入肉丁煸炒，见肉丁变色，即放入调好的稀黄酱，不停翻动，见酱起泡，改用小火，使酱受热均匀，排出水分，防止粘锅。随后放点白糖、料酒，以去除肉腥味。最后取适量香油放入酱中拌匀，酱面便会浮出一层亮油，这样可使酱显得油润。这样煮出的炸酱，拌出的面超级好吃。

12 撒点面粉炸好春卷

春卷香脆可口，很多人喜欢吃，但是，由于春卷皮薄肉多，在油炸过程中，春卷中的肉馅菜汁很容易流出来糊住锅底。如何解决这个问题呢？在春卷的拌馅中适量加些面粉，面粉将肉和菜汁粘在一起，能避免炸制过程中馅内菜汁流出的现象，这样炸出的春卷完好无缺，色、香、味俱全。

13 煮饺子放颗大葱不粘

饺子煮好后，经常粘在一起，夹起时容易破皮，就不好吃了。如果在水里放1颗大葱，再放饺子，饺子味道鲜美不粘连。等饺子煮熟以后，先用笊篱把饺子捞出，随即放入温开水中浸涮一下，然后再装盘，饺子就不会粘在一起了。

14 蒸馒头的要诀

冬季蒸馒头，和酵面要比夏季提前1~2小时，和面时要尽量多揉几遍，使面粉内的淀粉和蛋白质充分吸收水分。和好的面要保持28~30℃的温度，使面团充分发酵。制馒头坯时，要先行揉制，然后再成型；馒头坯上屉前，要先将笼屉预热一下。馒头在蒸制前要经过饧面，冬季大约需要一刻钟，夏季的时间可以短一些。要使馒头坯保持一定的温度和湿度，锅底火旺，锅内水多，笼屉与锅口相接处不能漏气。

15 炸饺子不漏馅

炸饺子时，一定要先将油烧滚热，再把饺子放进油锅里，这样炸出的饺子就不会漏馅，而且完整又好吃。如果在

油还没有温度不够高的时候就将饺子放进去炸的话，炸出来的饺子不仅容易漏馅，还不够松脆可口。

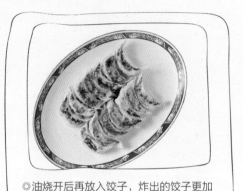

◎油烧开后再放入饺子，炸出的饺子更加松脆可口

提供者：北京市林铁先，饺子店员工

16 做三明治的小窍门

自制简易又美味的三明治，有个小窍门。做三明治时，应先把面包放在冰箱内，面包会变得比较硬，不但好切，也容易涂上奶油及馅料，等到三明治做好，放一段时间，面包即恢复蓬松的弹性。这样做三明治省事又轻松，口味也与常规做法做出的三明治没有区别。

提供者：福州市叶荷晴，面包师

◎三明治、汉堡以及热狗都是快餐食品，吃法简单，制作方便

17 猪油里加盐防变味

很多人家炒菜爱放猪油，这样炒出的菜吃起来很香，因此经常会炸猪油备着。但炼好的猪油存放久了，会有一股怪味。有一个小窍门，可让猪油长久不变味：在刚炼好的油中放少许花椒加以搅拌，封起来存放，猪油可长时间不变味。在炼好的猪油中加一点精盐，也可防止因长时间存放而发生酸败。

18 炖猪肉酥烂妙法

油入锅，放入白糖，将油和白糖炒成金黄色，再将切好的肉块放入锅中上色，倒入酱油、五香粉、盐等调味料。在锅中烧炒一会儿，待味道进入肉里，加入适量水和葱、蒜、姜、八角茴香、花椒、桂皮等调味料，最后再放进一些山楂或几片萝卜，先用旺火烧开，再用慢火炖 3~4 小时即可。

19 烧肉加橘皮肉香不腻

肥肉吃起来虽然口感柔软，但是很油腻，吃两块就吃不下了。要想肥肉不腻，有一个好方法是：在烧肉时加点橘皮就行，这样烧出来的肉不仅不腻，而且香气四溢，十分好吃。橘皮可以是干的也可以是新鲜的，如果是干橘皮，可以事先用温水泡一下再使用。

20 如何将腊肉炒松软

炒腊肉虽然闻起来香，可是常常嚼起来很硬，口感不好，尤其是瘦腊肉。如何将瘦腊肉炒得松软好吃？可将瘦腊肉先放在蒸锅中蒸软，然后将腊肉切成薄片，放入烧热的花生油中翻炒，再放入大蒜、生姜、酱油、味精，拌匀翻炒3分钟，最后将蒸腊肉的余油加入其中即可出锅。这样炒出的腊肉闻起来香味扑鼻，吃起来松软柔嫩。

提供者：长沙市王淼，厨师

21 红烧肉肥而不腻

很多人都爱吃红烧肉，但是因为红烧肉油腻，吃一两块就会有饱食感。经多次摸索，得出一点经验：在做红烧肉前，先用少许硼砂把肉腌一下，烧出来的肉肥而不腻，甘香可口。或者在做红烧肉时，先把肉中的油炸出一部分，另用小碗盛出，这样做出来的红烧肉也不会有那么多的油。

提供者：北京市陈希冬，厨师

22 鲜嫩味美的炒肉片

炒肉片时很容易将肉炒老，吃起来味道不佳。偶然讨来1个炒肉片的好方法：将肉切成薄片，加酱油、黄油、淀粉，打入1个鸡蛋，一起拌匀；将油锅烧热后加入肉片炒散，等肉片变色，再加调味料稍炒几下盛出即可，这样炒出的肉片味美、鲜嫩。

23 泡醋老鸭炖得酥烂

炖老鸭时，为了使老鸭烂得快，将老鸭肉用凉水加少量食醋浸泡2小时，再用文火炖制，肉易烂，且能返嫩。任何陈年老鸭，也都会炖得酥烂。

24 火腿涂糖易煮烂

火腿味道鲜美，但是煮起来费时，怎样才能快速煮烂火腿？煮火腿之前，在火腿皮上涂些白糖，这样煮起来就很容易烂，而且味道更鲜美。或者在火腿上抹少量醋，也可达到同样的效果。

25 鲜香可口的厚猪肚

猪肚煮熟后切成长条，放在碗内，加一些鲜汤，放到蒸锅里再蒸一会儿，猪肚便会变得比原来厚一倍，而且吃起来松软滑嫩。但要注意，不能先放盐，否则，猪肚就会紧缩成牛筋一样。

◎猪肚味甘、性温，具有补虚损、健脾胃等功效

提供者：桂林市张珊琦，美食记者

26 让炒牛肉丝变嫩

烧得一手好菜厨子，都有很多自己独创的秘方，怎么炒出一盘鲜嫩美味的牛肉丝，厨师的独门经验就是：炒牛肉丝时，要想炒得嫩，可先在牛肉丝中下好作料，再加上2~3匙生油拌匀，腌20~30分钟，然后用旺火速煸，煸好迅速出锅。用此法炒出的牛肉丝，味道极好，人人都爱吃。

提供者：厦门市陈晨，餐厅经理

27 炖鸡前先炒一炒

将鸡块倒入热油锅内翻炒，待水分炒干时，倒入适量香醋，再迅速翻炒，至鸡块发出劈劈啪啪的爆响声时，立即加热水，再用旺火烧10分钟，即可放调料。移小火再炖20分钟，淋上香油即可出锅。在汤炖好后，待温度降至80~90℃时或食用前加盐。

因为鸡肉中含水分较多，炖鸡先加盐，鸡肉在盐水中浸泡，组织细胞内的水分向外渗透，蛋白质产生凝固作用，使鸡肉明显收缩变紧，影响营养向汤内溶解，且煮熟后的鸡肉趋向硬、老，口感粗糙。

28 煎蛋不散的小诀窍

怎样煎蛋才不散？只要在煎蛋时，把蛋打入油锅后再洒几滴热水于蛋的旁边和蛋的上面，可使蛋面完整，吃起来嫩滑。若想把蛋皮煎得既薄又有韧性，可用小火煎，或在蛋液中先加一点儿醋搅拌后再煎。

提供者：广州市周伟英，产品经理

29 白萝卜除咸肉异味

咸肉放的时间长了，就会有一股辛辣味，若在煮咸肉的锅里放1个白萝卜，然后再烹调，辛辣味即可除去。若咸肉里面是好的，仅外面有异味，用水加少量醋清洗即可。此法很多人沿用多年，效果很好。

◎煮咸肉时，放1个戳有很多孔的白萝卜，能将咸肉的辛辣味、臭味和哈味消除

30 煎鱼沾面粉不粘锅

煎鱼前将锅洗净，擦干后烧热，然后放油，将锅稍加转动，使锅内四周都有油。待油烧热，将洗净的鱼（大鱼可切成块）沾上一层薄薄的面粉放进去，鱼皮煎至金黄色再翻煎另一面。这样煎出的鱼块完整，也不会粘锅。如果油不热就放鱼，就容易使鱼皮粘在锅上。

31 大白菜旺火炒保营养

大白菜宜用旺火速炒，而不宜用炖或煮的方法来烹饪。炒大白菜时，加热温度要在 200~250℃，加热时间不要超过 5 分钟。只有这样才能防止维生素和可溶性营养素的流失，并且减少叶绿素的破坏。

◎醋可以使大白菜中的钙、磷、铁元素分解出来，从而利于人体吸收

32 炒鸡蛋加糖变香软

有一个炒鸡蛋的窍门：炒蛋时加入少量砂糖，会使蛋白质变性的凝固温度上升，从而延缓加热时间。砂糖具有保水性，可使蛋制品变得蓬松柔软。砂糖只需加少量，以免影响炒鸡蛋原本的味道。按此法炒鸡蛋，效果极佳，鸡蛋吃起来既蓬松又香软。

33 炒出熟透鲜绿的蒜薹

蒜薹通常都比较硬，烹调时比较难熟透。现介绍一种方法，既能使其熟透，又可使其颜色保持鲜绿。方法：炒蒜薹的时候，先以蒜头爆香炝锅，然后在炒的中途加水，才可以使蒜薹熟透，且爽甜嫩口。

提供者：北京市程竹芬，退休人员

34 自制茶叶蛋小·技巧

准备 15 个鸡蛋，放在清水中小心洗刷干净，鸡蛋煮熟后，将蛋壳稍微敲出裂纹备用。准备 5 克八角、5 克陈皮、5 克桂皮、1/2 碗酱油、2 个红茶包、1 小匙盐和适量的水备用。

将所有卤料与鸡蛋放入电饭锅里以保温的热度卤煮，卤煮的时间越久，蛋会越入味。用电饭锅的好处是可以直接把蛋放在锅中浸泡一夜，不必熄火。因为电饭锅的温度可以维持稳定，且不必担心会烧焦。

35 炒菠菜去涩味有高招

菠菜绿叶红根，富含钙质、铁质、维生素 A，是家庭炒菜做汤的好原料。但菠菜又含有草酸，烹调时若处理不当，就会有涩味。

先把洗净的菠菜在沸水中烫一烫，再下锅煸炒，这样可以去掉菠菜的涩味。或把菠菜在热油旺火中快速煸炒，一熟便离火，草酸的涩味会在菠菜高温爆炒时消失，又不会使其成熟过头，破坏菠菜中的营养物质。

36 炒出可口的蕹菜

蕹菜比一般的大白菜、油菜难炒，想要将蕹菜炒得好吃，可依照下面的方法来做。

将蕹菜洗净，择去老梗，因为老了的蕹菜梗会影响整道菜的口味；锅内倒油烧热，加入蒜瓣爆香，然后加入蕹菜，

用大火翻炒至熟；沿锅边淋入适量米酒，再撒入盐调味装盘即可。用这种方法炒出的蕹菜嫩绿可口，味道很特别。

◎蕹菜营养丰富，其所含的钙居叶菜之首，维生素A含量是番茄的4倍

37 炸出不焦的花生米

很多人喜欢用花生米当下酒菜，经常自己动手炸花生米。不过炸花生米很容易炸成外焦内生，因此不要等到锅内的油烧热后再放花生米，不然花生米因急剧受热而外焦内生了。其实，炸花生米正确的方法是：将花生米与油同时放入锅内，放在火上加热炸，炸时不断翻动，这样会使花生米受热均匀，炸好后色泽也均匀。

提供者：沈阳市谷素莉，银行柜员

38 煮出鲜嫩味美的玉米

很多女孩子爱吃煮玉米，玉米香甜软糯，甚至拿煮玉米当成主食来吃。煮玉米时不要剥掉所有的皮，应留下一两层嫩皮，煮时火不要太大，要温水慢煮。如果是剥过皮的玉米，可将皮洗干净，垫在锅底，然后把玉米放在上面，加水同煮。按姥姥的方法煮玉米，吃起来十分鲜嫩味美、香甜可口。

提供者：北京市方倩琳，餐厅经理

39 炒茄子先用盐腌渍

炒茄子时，通常先将切洗好的茄子用少许盐拌匀，腌渍15分钟，然后挤掉渗出的黑水，下锅煸炒，煸炒时不要加水，反复炒至茄子软熟，放入调料炒几下即成。这样炒出来的茄子柔软可口、入味爽口。

40 不粘锅的酸辣土豆丝

由于土豆中的淀粉含量丰富，所以炒土豆丝很容易粘锅。

炒土豆丝之前，将土豆丝在清水中浸泡1~2分钟，去掉过剩的淀粉，然后将土豆丝捞起滤干水分，再下锅翻炒，土豆丝就不容易粘锅了，而且炒出来的土豆丝口感更好。

◎油下锅后，先放一些蒜爆香，再下土豆丝，这样炒出来的土豆丝的味道会更好

41 腌咸菜的时间要把控

亚硝酸盐是一种对身体有害的物质，食用过多会导致中毒，甚至死亡。咸菜在开始腌渍的2天内，亚硝酸盐的含量并不高，在第4~8天达到最高峰，第9天以后开始下降，20天后基本消失。所以腌渍咸菜的时间，短的在2天之内，长的则应在1个月以后才可以食用。

42 烹调青菜不宜加醋

青菜中的叶绿素在酸性条件下加热极不稳定，其中的镁离子可被醋酸中的氧离子取代，从而生成橄榄脱镁叶绿素，使青菜中原有的营养成分大大降低。所以，在烹调青菜时最好不要加醋。

43 用牛奶处理焦洋葱

炒洋葱时，如果洋葱已经焦煳了，可以放一点点牛奶，不仅可以改善色泽，而且还可以改善口感，吃起来味道也很特别。把洋葱给炒焦了，都可以用牛奶挽救回来的，此法很好用。

◎牛奶有补虚损、生津润肠的功效；洋葱能溶解血栓，二者同食，能降血脂

提供者：杭州市刘芳芳，西点师

44 自制蔬菜沙拉

学会自己做蔬菜沙拉，不但健康有营养，还感觉特别好吃。

具体做法如下：将胡萝卜、番茄洗净切块，白菜、生菜切片装入容器中。

将所有的蔬菜装入同1个容器中，并将沙拉酱挤在上面，用筷子均匀搅拌，或者待食用时再搅拌。如果是在夏天，还可将水果沙拉放在冰箱中冷藏一会儿，这样吃起来别有一番风味。

45 海带加醋煮容易烂

海带营养丰富，还含有大量的碘，用海带煮汤味道鲜美。但是海带虽质地柔软，却不易煮烂。煮海带时加几滴醋，海带就很容易煮烂；或者放几棵菠菜和海带一起煮，也能达到同样的效果。注意，不论是放醋还是加菠菜，都只能加适量，放得过多，会破坏海带汤原本的鲜味。

46 冷水煮出内外皆熟的南瓜

煮蔬菜时，应将蔬菜放入大量的沸水中，在短时间内煮好。而煮南瓜正好相反，不能等水烧开了再放入，否则等内部煮熟了，外部早就煮烂了。煮南瓜的正确方法：将南瓜放在冷水中煮，这样煮出的南瓜才能内外皆熟。煮南瓜粥时也是同样的方法。

47 清水炒出洁白的莲藕

清炒莲藕时，往往会变黑，洁白的莲藕变色之后让人觉得很倒胃口，怎样才能保持莲藕的色泽呢？炒莲藕时边炒边加些清水，就可保持莲藕的洁白。

48 快速煮好绿豆汤

绿豆汤不仅味道鲜美，还能消暑解渴，是很好的天然保健佳品。但是绿豆汤煮起来却很费时间，有的人没有这个耐心。有一快速煮出一锅绿豆汤的方法：先将绿豆在铁锅中炒10分钟，注意不要炒焦，再将绿豆加冰糖煮，很快就能煮烂。这样煮绿豆汤不仅省时间、节约能源，而且汤喝起来更香浓可口。

提供者：沈阳市郭芳琴，平面设计师

49 盐水泡豆腐煮不碎

豆腐在烹制的过程中容易破碎，破碎的豆腐影响菜肴整体的美观。只要在烹调前把豆腐放在淡盐水中浸泡20~30分钟，就可以将问题轻松解决，还可以去除豆腐中的豆青味。

50 炝锅煸出葱姜的香味

要使葱、姜、蒜香味浓郁，可以使用炝锅法，即在原料入锅以前，先下切碎了的葱、姜、蒜，炒出香味后再下料进行正式烹调。煸葱、姜、蒜最好的方法是用小火中等油温煸，因为葱、姜、蒜的香味都是在酶的作用下产生，并通过热挥发的。油温过高，酶会失去活性；油温过低，又会使香味挥发受到影响。

提供者：桂林市刘惜文，室内设计师

51 最合适的糖醋配比

在烹调中，糖与醋经常合用，如糖醋排骨、糖醋鱼等。那么两者怎样配比呢？一般情况下，配比以2∶1为宜，即糖二分，醋一分。此外，在糖醋同用时，应注意加少许盐，这样可防止甜酸中和，而成为一种酸甜适口的美味。做糖醋排骨时按此法配比糖醋，做出来的菜都很成功。

提供者：广州市陈紫熙，糖水店员工

52 味精的使用诀窍

对用高汤烹制的菜肴，不必使用味精。因为高汤本身已具有鲜、香、清的特点，如使用味精，会将本味掩盖，致使菜肴口味不伦不类。对酸性菜肴，如糖醋、醋熘、醋椒类等，不宜使用味精。

53 烹调中巧用盐

烹调前加盐，即在原料加热前加盐，目的是使原料有 1 个基本咸味。在运用炒、烧、煮、焖、煨、滑等技法烹调时，都要在烹调中加盐。在菜肴快要成熟时加盐，减少盐对菜肴的渗透压，保持菜肴嫩松，养分不流失。烹调后加盐，即加热完成以后加盐，以炸为主烹制的菜肴即可烹调后加盐。

◎食盐的主要成分是氯化钠

54 姜在盛夏的妙用

生姜含姜辣素、水杨酸、姜酚等多种化合物，对夏季许多病症有良好的防治作用，可止腹痛、吐泻。盛夏时气温高，各种病菌繁殖活跃，稍有不慎，容易引起腹痛、吐泻等急性肠胃炎症状，适当吃些生姜或者喝些姜汤，能起到防治作用。生姜还具有消夏解暑的功效。夏季中暑，昏厥不省人事时，用姜汁一杯灌下，能使病人很快醒过来。对一般暑热，适当吃点生姜大有裨益。

提供者：深圳市刘云，中医师

55 醋放多了怎么补救

有时不慎将醋放多了，可用以下方法补救，即在菜肴中加入适量小苏打。因为食醋中的乙酸与小苏打的碱性溶液中和后，可去掉多余的酸味。此法很多人多次实践，证实可行。

提供者：沈阳市林如龙，厨师

56 用食醋消除辣椒味

可在烹饪新鲜辣椒时放点醋，辣味就不会那么重了。这是因为辣椒中的辣味是由辣椒碱产生的，而醋的主要成分是醋酸，故放醋可中和辣椒中的部分辣椒碱，除去大部分辣味。此外，放醋还可防止辣椒中的维生素 C 流失。

57 选择汤料有学问

在南方，由于地域气候的原因，常常需要熬凉茶、煲老汤调理身体。听家里的长辈讲，如果身体火气旺盛，就要选择性甘凉的汤料，如绿豆、薏米、海带、冬瓜、莲子，以及剑花、鸡骨草等清火、滋润类的中草药。

如果自己的身体寒气过剩，那么就应选择一些性热的汤料，如参等。诸如冬虫夏草、参之类的草药，在夏季是不宜入汤的。注意即使在秋冬季，滋阴壮阳类的大补草药，也并不适合年轻人和小孩子。

58 煲肉汤最好冷水下锅

广东人煲肉汤很拿手，全家人都爱喝。据广东当地人说煲肉汤最好冷水下锅，这样熬的汤才浓郁纯正。因为一般的肉骨头上总带有一点肉，如果一开始

就往锅里倒热水或者开水，肉的表面突然受到高温，肉的外层蛋白质就会马上凝固，使得里层蛋白质不能充分地溶解到汤里。

提供者：沈阳市杨志平，厨师

59 几招炖出鲜美鸡汤

鸡宰杀后放 5~6 小时，待鸡肉表面产生一层光亮的薄膜再下锅，味更美；先将水烧开再放鸡，炖出的汤更鲜；盐腌渍过的鸡肉，冷水时放进锅炖好些。另外，鸡汤在食用前放盐味更鲜。

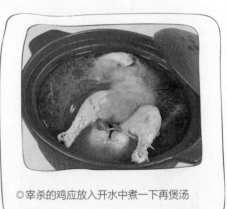

◎宰杀的鸡应放入开水中煮一下再煲汤

60 用面糊巧做浓汤

在西餐厅中，经常能吃到各种浓汤，这些汤并不是用淀粉勾芡，而是以面糊做成，冷却了以后，汤汁不会变稀，可

保持原有的浓稠状。

面糊是以面粉与猪油一块煮成的糊状物。以二分的面粉、一分的猪油放到锅中，用小火慢慢煮开。将这些面糊煮到起泡，散发出香味时即可盛起。做浓汤，一次可多做一些，用瓶装起来，需要用时可调些水，慢慢地搅和，等面糊完全溶于水，再倒入汤中，即成香醇的浓汤了。

◎想做出浓稠香醇的浓汤，其实很简单

61 用紫菜除汤中油腻

肉汤或骨头汤煲好后，因为油脂过多，常常在汤面上浮起一层油，汤喝起来太腻，怎样才能减少汤的油腻感呢？

将少量紫菜在火上烤一下，然后撒入汤中，不过几分钟，汤中的油腻物都被紫菜吸收了，汤喝起来不仅清淡，有利健康，味道也变得更特别。

62 滚水下鱼煲汤无腥味

煲鱼汤时，要在滚水里下鱼，否则汤会有腥味。据说冷水里下材料，材料会聚在煲底，煲内的水要等待一段时间才能滚开。这些材料在煲底时间久了，汤煮滚以后，煲底材料无法滚起，因此会粘煲底且鱼汤腥味很重。

◎滚水下鱼，煲出的老火汤鲜美可口，味道很好

提供者：长沙市李先子，厨师

63 快速给西红柿去皮

西红柿做汤时，去皮是件麻烦事。有1个非常简单的小窍门，能轻易去掉西红柿的皮。拿筷子插入西红柿的蒂，把西红柿放在火上烤，边烤边转动，几分钟后，西红柿皮就破了，轻轻撕掉即可。

健康饮食

1 办公族多吃鱼类猪肝

常在办公室伏案工作的人，要预防视力下降。眼睛过于疲劳时，可多食鳗鱼，韭菜炒猪肝也具有较好的疗效。此外，整日待在办公室里的人易缺乏维生素，因此，不妨多食些鱼类、猪肝等食品。

2 肉蒜同食可除疲劳

据研究，瘦肉中含 B 族维生素，而 B 族维生素在人体内停留的时间很短。吃肉时再吃点大蒜，不仅可使 B 族维生素的析出量提高数倍，还能使它原来溶于水的性质变为溶于脂的性质，从而延长 B 族维生素在人体内的停留时间，这样对促进血液循环、尽快消除身体疲劳、增强体质等方面都有重要意义。因此，吃肉的时候，别忘了吃几瓣大蒜。

3 鲫鱼豆腐汤补虚

说到做鱼，据多年下厨经验，认为鱼和豆腐一起烹制是使两者营养最大化发挥的最佳搭配。豆腐营养丰富，而鲫鱼又是鱼中营养含量较高的，尤其适合做汤。鲫鱼豆腐汤不但味香汤鲜，而且具有较强的滋补作用，非常适合中老年人和病后虚弱者食用，也特别适合产妇食用。

◎豆腐营养丰富，鲫鱼味道鲜美，二者煮汤，可以提供人体所需的多种营养

提供者：上海市孙成明，营养师

4 海鲜配姜醋可杀菌

有人喜欢吃海鲜，每天都要买些螺贝鱼蟹盛在餐桌。但这些食物一般都属于寒凉阴性类食品，在食用时最好与姜、醋等调味料共同食用。姜性热，与海产品放在一起可以起到中和寒热，防止身体不适的作用。而醋本身也有着很好的杀菌作用，对于海产品中残留的一些有害细菌可起到灭菌作用。故吃海鲜时搭配姜、醋可起到灭菌的作用。

提供者：广州市马青云，设计师

5 韭菜与鸡蛋同食疗效多

韭菜能温中、下气、补虚、调和肺腑、益阳，与鸡蛋同炒则相得益彰，可以起到温补肾阳、行气止痛的作用，对尿频、肾虚、痔疮及胃脘疼痛等均有一定的疗效。

6 吃皮蛋配姜醋汁最佳

吃皮蛋配姜醋汁，对人体健康有益。这样做不仅可以利用姜辣素和醋酸来中和碱性，除掉碱涩味，而且可以利用姜醋汁中含有的挥发油和醋酸，破坏皮蛋在制作中使用的一种有毒物质——黄丹粉，以及皮蛋的蛋白质在分解过程中产生的对人体有害的物质。

7 螃蟹与番茄不宜同食

听人说，螃蟹与番茄同食容易发生中毒。近几年相关报告说，这是因为螃蟹体内含有丰富的蛋白质，番茄中含有丰富的鞣质，而蛋白质与鞣质相结合又很容易沉淀，凝固成不易消化的物质。又因鞣质具有收敛作用，所以，还能抑制消化液的分泌，致使凝固物质滞留在肠内发酵，使食者出现呕吐、腹胀、腹泻、食物中毒现象。

所以希望大家平日吃螃蟹时，小心与番茄同食。

8 老年人多吃南瓜有益

南瓜不仅美味可口，而且营养丰富，除了含有人体所需的多种维生素外，还含有易被人体吸收的磷、铁、钙等多种营养成分，又有补中益气、消炎止痛、解毒杀虫的作用，对高血压、冠心病、肥胖症等有较好的疗效。

9 洋葱饭健胃助消化

家人年纪大了，身体不如从前，不仅得了三高，还经常便秘。平时可以做些洋葱饭给他们吃。洋葱饭对老年人身体有益，能有效降低血压、血脂，预防肠管疾病，服用后疗效很好。方法是将洋葱去皮洗净，切成碎末。将水烧沸，放入切碎的洋葱、粳米、盐等煮成饭。这道做法简易的洋葱饭具有软化和扩张血管、健胃助消化等功效。

提供者：福州市张新宇，软件工程师

10 咸鱼最好配青菜

吃咸鱼时，最好搭配富含维生素 C 的青菜。因为咸鱼都是用粗盐腌渍而成的，粗盐中含有较多的硝酸盐，由于金球菌的作用，会使一部分硝酸盐还原成为亚硝酸盐。

而且，鱼在长时间的腌渍和保存过程中，一部分鱼肉蛋白会产生分解，释放出一种叫仲胺的物质。这种物质在酸性环境下会与亚硝酸盐发生化学反应，合成一种具有致癌作用的物质——亚硝胺，从而危害人体健康。

但是，亚硝胺却能与蔬菜中的维生素 C 发生还原反应，从而消除其对人体的危害。所以，吃咸鱼时宜搭配富含维生素 C 的青菜，这样可以减少上述危害。

◎咸鱼肉质结实，味道咸而鲜，但不宜长期食用

11 冬天吃海带抗冷御寒

冬天天气寒冷，适当多吃些海带，不仅能使强壮身体，还可以起到很好的御寒作用。补充富含钙和铁的食物可提高机体的御寒能力，科学家们发现，海带是人类摄取钙、铁的宝库。海带含碘丰富，碘能促进甲状腺素分泌，而这种甲状腺素能加速体内很多组织细胞的氧化，增加身体的产热能力，使基础代谢率增强，皮肤血液循环加快，抗冷御寒。

提供者：长春市赵庆海，超市经理

12 吃鲜玉米有益健康

夏季正是新鲜玉米上市的时候，中老年人常吃新鲜玉米对健康大有益处。因为鲜玉米中所含的大量天然维生素E，有促进细胞分裂、延缓细胞衰老、降低血清胆固醇、防止皮肤病变的功能，还能减轻动脉硬化和脑功能衰退出现的症状。

鲜玉米中的维生素A，对防治中老年人常见的干眼症、气管炎、皮肤干燥及神经麻痹等都有一定的辅助疗效。鲜玉米中富含赖氨酸（干玉米中极少），它是人体必需的营养成分。研究发现，多吃鲜玉米还可抑制抗癌药物对人体产生的不良反应。

◎玉米含有多种人体所需的营养，常食用对人体大有裨益

提供者：北京市林丹丹，营养师

13 茄子带皮吃最营养

很多人吃茄子时因为嫌茄子皮太厚，不好吃，总是将茄子皮削去，据营养师的说法，其实茄子皮是最有营养的。因此，食用茄子应连皮吃，不宜去皮，对健康较好。

提供者：深圳市吴启亲，记者

14 吃点大蒜增强抵抗力

吃大蒜对身体好处多多，但很多人很抗拒大蒜的，嫌弃味道难闻，口感辛辣。但其实大蒜对人的身体非常有益，可以慢慢尝试着接受吃大蒜。大蒜不仅具有很强的杀菌力，对由细菌引起的感冒、腹泻、肠胃炎以及扁桃腺炎有明显疗效，还有促进新陈代谢、增进食欲、预防动脉硬化和高血压的功效。

据最新研究，大蒜具有一定的补脑作用，其原因是大蒜可增强维生素B_1的作用，而维生素B_1是参与葡萄糖转化为脑能量过程的重要辅助物质。另外，大蒜能抑制放射性物质对人体的危害，减轻由此带来的不良后果。

提供者：桂林市李云，教师

15 吃变质生姜可致癌

买回生姜，拿来炒菜，要注意仔细检查，那些斑斑点点的生姜是坏生姜，已经变质，吃了会中毒。

生姜保存时间过长或者保存不当变质了，会产生有毒物质，可千万不能再吃了。据说烂姜中含有黄樟素，会产生有毒物质，可使肝细胞变性、坏死，从而诱发肝癌、食管癌等。

◎黄樟素会造成人体肝细胞病变，严重影响身体健康

16 吃甘薯助钙质吸收

甘薯缺少蛋白质和脂质，因此要搭配蔬菜、水果及蛋白质食物一起吃，才不会营养失衡。甘薯最好在午餐这个黄金时段吃，这是因为我们吃完甘薯后，其中所含的钙质在人体内需要经过4~5时才能被吸收，而下午的日光照射正好可以促进钙的吸收。

因此，在午餐时吃甘薯，钙质就可以在晚餐前全部被吸收，不会影响身体在晚餐时对其他食物中钙的吸收。

17 蚝油炒生菜益处多

蚝油不是油质，而是在加工蚝豉（又名牡蛎）时，煮蚝豉剩下的汤，此汤经过滤浓缩后即为蚝油，是一种含多种营养成分、味道鲜美的调味料。用蚝油炒生菜除有降血脂、降血压、降血糖、促进智力发育及抗衰老等功效外，还能利尿、促进血液循环、抗病毒、预防治疗心脏病及肝病。

18 多吃杏可防癌

杏的营养价值很高，钙、磷、铁、蛋白质的含量在水果中都是较高的，并含有较多的抗癌物质，每100克中含胡萝卜素1.79毫克，为苹果的22倍，且含7毫克维生素C。经常适量吃杏、杏干或杏仁，对防癌保健十分有益。杏仁还有止咳、平喘、润肠、通便之功效。

特别是老人，经常吃杏仁，会老而健壮，心力不倦，并能滋阴生津、宽中下气、软化血管等。

19 黑斑甘薯有剧毒

在乡下，老人常说有黑斑的甘薯不能吃，会中毒的。据研究，表皮呈褐色或有黑色斑点的甘薯，是受到了黑斑病菌的污染。

黑斑病菌排出的毒素使甘薯变硬、发苦，对人体的肝脏来说是剧毒。这种毒素用水煮、蒸或火烤，生物活性均不能被破坏，故吃有黑斑病的甘薯会引起中毒。所以去菜市场，不要挑有黑斑的甘薯，外表完整较光滑的才能吃。

◎黑斑病菌排出的毒素含有甘薯酮和甘薯酮醇，进入人体后对肝脏有害

提供者：无锡市邱国斌，厨师

20 吃无根豆芽会中毒

无根豆芽菜在培育过程中会放入一种叫作除草剂的物质，催发其生长。除草剂具有很强的毒性，不仅能抑制植物正常生长，促使植物发生畸形，只长茎，不长根和头，而且还会破坏蛋白质、维生素、矿物质等营养素。人吃了用除草剂培育催发的豆芽菜，其各种化学毒素便会抑制人体各种细胞的生长，侵蚀并损害人体组织。

如果经常吃含有除草剂浓度较高的豆芽菜，还会抑制肌体各种细胞的生长或导致组织变性，使某些细胞发生突变而逐渐衍变为癌细胞。另外，还能引起某些组织慢性中毒，导致新陈代谢障碍。

21 老人可多吃桃子

桃子味甘性温，具有生津、润肠、活血、止喘的作用。桃子虽然具有通便的作用，但适用于老年体虚与肠燥便秘者。

22 电脑一族要多吃樱桃

长期面对电脑工作的人，经常会有头痛、肌肉酸痛等毛病。这种状况，可以通过吃樱桃来改善，适量食用后，效果很好。原来樱桃中含有一种叫作花青素的物质，可以减少发炎，吃20粒樱桃比吃阿司匹林更有效。

23 心情不好可多吃香蕉

听医生说心情不好可多吃香蕉。这是因为愉快的情绪往往与大脑中一种叫羟色胺的物质有关，不愉快的情绪则与大脑内的右甲肾上腺素增加有关。而香蕉含有一种能帮助大脑产生羟色胺的物质，这种物质不但能使人的心情变得快活和安宁，甚至可以减轻疼痛，还能使引起人们情绪不佳的激素大大减少。

因此，狂躁和抑郁症患者以及所有心情不好的人应该多吃些香蕉，不佳的情绪能自然消失。每回心情低落时，吃几根香蕉，心情果然会慢慢好起来。

提供者：深圳市田玮洁，会计

24 吃葡萄柚可减压

葡萄柚不但有浓郁的香味，更可以净化繁杂思绪，提神醒脑。至于葡萄柚所含的高量维生素 C，不仅可以维持红细胞的浓度，增强身体抵抗力，而且也可以提高抗压能力。

25 多吃橘子可护心

经医学研究证明，多吃柑橘可降低患心脏病和中风的概率。橘汁中富含的钾、B 族维生素和维生素 C，可在一定程度上预防心血管疾病。有食品专家还指出，橘汁中含有抗氧化、抗癌、抗过敏成分，并能防止血凝。

提供者：惠州市林翠岚，家庭主妇

26 猕猴桃与牛奶不宜同食

猕猴桃不能与牛奶同食，因为猕猴桃中的维生素 C 易与奶制品中的蛋白质凝结成块，不但影响消化吸收，还会使人出现腹胀、腹痛、腹泻，所以食用富含维生素 C 的猕猴桃后，一定不要马上喝牛奶或吃其他乳制品。

27 夏天吃点黑米有好处

肠胃不太好的人，一吃寒凉食物就腹泻，在夏季只能看别人吃雪糕。有一个养生窍门是，吃黑米很养胃，尤其对于夏季经常腹泻的人来说，黑米能起到很好的补益作用。

黑米性温味甘，具有益气健脾、生津止汗的作用。夏天的饮食讲究调理脾胃，所以吃点黑米非常有好处。

提供者：成都市林子凯，行政经理

28 吃葡萄需注意

很多人吃完葡萄后喝水，就会肚痛、腹泻，以为是葡萄没洗干净引起肠胃不适。其实，吃葡萄后不能立刻喝水，否则不到一刻钟就会腹泻。原来，葡萄本身有通便润肠之功效，吃完葡萄立即喝水，胃还来不及消化吸收，水就将胃酸冲淡了，葡萄与水、胃酸急剧氧化、发酵，加速了肠道的蠕动，就产生了腹泻。不过，这种腹泻不是细菌感染引起的，泻完后会不治而愈。

◎葡萄中含有多种发酵糖类物质，对牙齿有腐蚀性。因此，吃葡萄后一定要漱口

提供者：郑州市田琪秀，插画师

29 不能吃太多甘蔗

甘蔗含糖量高，过多食用，糖难以消化、吸收和代谢，使大量糖分积存在胃肠道内，造成机体高渗性脱水，出现头昏、烦躁、呕吐、四肢麻木、神志朦胧等病态。因此，忌过多食用。

30 多食味精伤生殖力

味精食用过多，将促进血液中谷氨酸含量的升高，导致不必要的头痛、心跳、恶心等症状，对人的生殖系统也有不良影响。

31 饿了才吃饭易得胃炎

很多人习惯饿了才吃饭，长期下来竟患上了胃炎，吃不下饭，消化也不好。这是为什么呢？饿了才吃饭，这么做容易损害胃，也会削弱人体的抗病力。因为食物在胃内仅停留4~5小时。感到饥饿时，胃早已排空，胃黏膜这时会被胃液进行自我消化，容易引起胃炎和消化性溃疡。所以，要养成按时吃饭的习惯，进食营养丰富的饭菜。

提供者：扬州市卓婉晴，人事专员

32 睡前吃瓜子防失眠

很多人晚上容易失眠，可以每晚睡前吃一把瓜子，能调节脑细胞正常代谢，起到安眠作用。因为葵花子含亚油酸、多种氨基酸和维生素等，常吃瓜子会起到镇静安眠的效果。要是有身边的人失眠，可以推荐时不时会抓一把瓜子吃，晚上睡觉很踏实。

◎葵花子营养丰富，还能增强记忆力

33 牛奶最好晚上喝

早晨空腹喝牛奶，牛奶会很快经胃和小肠排进大肠，结果牛奶中的各种营养来不及消化吸收就进入大肠，造成浪费。晚上喝牛奶的效果最好。

因为人体在午夜后，血液中的钙含量下降，出现低血钙状态。为了满足血液中的含钙量要求，机体内部就会进行调整，骨骼组织中的一部分钙就会进入血液。天长日久，经常进行这种调整，骨质就会脱钙，造成骨质疏松，老年人更有骨折的危险。

睡前喝牛奶，就正好赶上午夜的低血钙状态，牛奶中的钙可以补充血液所需的钙量，避免从骨组织中调用钙。

34 酸奶最好饭后喝

很多人喜欢喝酸奶，不仅能助消化，还特别好喝。听说饭后 30 分钟到 2 小时之间饮用酸奶效果最佳。

在通常状况下，胃液的 pH 值在 1~3；空腹时，胃液呈高酸性，pH 值在 2 以下，不适合酸奶中活性乳酸菌的生长。只有当胃液的 pH 值比较高时，才能让酸奶中的乳酸菌充分生长，有利于健康。

因此饭后 2 小时左右，胃液被充分稀释，pH 值会上升到 3~5，这时喝酸奶，对吸收其中的营养最有利。故即便爱喝酸奶，但也会选择在对的时间喝，才会更有益。

提供者：扬州市卓婉晴，人事专员

35 碱性食物易消除疲劳

压力越大，人就越容易疲劳。当人体处于疲劳状态时，体内酸性物质会聚集，导致疲劳加重。因此，多摄取碱性食物，能使酸碱达到平衡，缓解我们的生理和心理压力。一般来说，凡是含有钙、钠、钾、镁等元素总量较高的食物，在体内最终都会代谢成碱性物质，如海带、菠菜、胡萝卜、芹菜等。水果在味觉上呈酸性，但在体内氧化分解后会产生碱性物质，故也属于碱性食物。

如果要吃酸性食物，如龙虾、鸡肉、鸭肉、牛肉、猪肉等，则要控制分量，以免破坏体内的酸碱平衡。

◎蔬果大都为碱性食物，进入人体后，能保持体内的酸碱平衡

36 饭后不能马上游泳

身边很多朋友都喜欢游泳健身，一有空就约去泳池，以此舒展放松身心。但很多人不知道饭后马上游泳，皮肤的血流量增加，消化道的血液减少，这样会影响消化，对健康不利。一位医生建议，饭后至少应休息半小时再游泳，如果参加比赛，应在饭后2小时为宜。

37 发红的汤圆有毒

有的汤圆看上去色白如初，烧煮后却呈红色，这说明糯米粉已经变质。这种变质的糯米粉，已经受到一种叫酵米面黄杆菌的污染，这种细菌一经加热即死亡，呈黄红色。但该菌释放的黄杆毒素A却留在米粉里，它属于细胞毒，能使人体细胞变性坏死，组织器官的功能减退。因此，一旦发现煮好的汤圆发红，就不要再食用了。

38 补品别用沸水泡饮

时下吃滋补品的人越来越多，但许多人都习惯用沸水冲饮，这种方法是不太科学的。因为滋补品中所含的许多营养素很容易在高温作用下分解变质而遭到破坏，一般滋补品加热到60℃以上，其中某些成分便会发生变化。因此，只需用近60℃的温开水调匀即可食用。

39 春季饮食清淡少盐

春季是肝火最旺的时期，因为整个冬天大家缺少运动，在冬季是进补的好季节，很多人都相对得比较多，所以到了春季养生要特别注重养肝、护肝。肝火旺的话会影响脾，也会导致脾胃虚弱病症的出现。所以，春季饮食建议选用性温的食材，少食酸涩食品，宜吃清淡可口、少盐的食物。

40 夏季饮食素淡为主

炎热的天气让很多人的胃口不好，消化功能降低，易出现乏力倦怠、胃部不舒适等症，更易发生胃肠道疾患，导致精神萎靡不振。建议夏季饮食多吃清凉可口、易消化的食物，如喝粥。而在菜肴的搭配上，应以素为主，以荤为辅。选择新鲜、清淡的各种时令蔬菜。除了蔬菜，夏季也是水果当道的季节。水果不仅可直接生吃，还能用来做各种饮品，既好吃，又解暑。

41 秋燥肺炎吃白果蒸蛋

由于秋天是个干燥的季节，很容易引起咳嗽、肺炎等疾病。很懂得养生的人，会常常煲汤水做养生餐。

秋天宜多吃白果蒸鸡蛋，因白果（杏仁）具有滋养、补气作用，可治哮喘，加上鸡蛋就更有营养了。做法：取白果10颗，鸡蛋2枚；将白果洗净，剥皮，备用；鸡蛋磕破盛入碗内，加盐打匀，加入白果；锅中加水，待水滚后转中小火隔水蒸蛋，约蒸15分钟即可。

提供者：天津市马玲，公务员

42 冬季宜食清淡以养神

一到寒冷的冬季，会发现身边的朋友身心很容易处于低落状态，时常心绪不佳。其实，冬季最需静心安神，应多注意日常饮食。自古以来，养生家们就注重以"平易恬淡"的食物来养生，认为清淡的食物能静心。现代医学表明，多食清淡食物不但有利于肠胃消化，也能改善浮躁情绪，平静心情。

因此，在冬季要多食用皮蛋、豆制品、香菇、莲子、银耳、海带、大枣、香蕉等清淡食物，多喝具有养胃暖身功能的红茶、黑茶。

提供者：石家庄市范思亮，营养师

Part

3

居家篇

　　人人都爱生活在干净整洁的环境里，不管是大房子还是小房子，家居物品的购买、装修、清洁和收纳都是一件烦人的事。做不好，日常生活中的琐碎小事更是折磨人。其实只要掌握小技巧，这类难题都能迎刃而解。

　　本章给您介绍的小窍门可以让您买到货真价实的家具、家电及日常生活用品，搞定繁琐的居家装修，轻松完成全屋的清洁任务，胜任各种物品的收纳和整理工作等。

居家选购窍门

1 灯罩渲染好气氛

灯罩主要用来烘托家庭气氛，改变环境色调。不同材质的灯罩带来的装饰效果是不同的，布面的灯罩给人简洁典雅的印象，纸面的灯罩可以营造出朦胧又梦幻的氛围，金属材质的灯罩有种冷调的气质和现代感，而鼓形的灯罩则带给人怀旧的情怀。卧室，我们可以选择丝绸材质的灯罩，尤其是手工缝制和手工绘制的灯罩，能为房间带来柔和感，增添亲密氛围；客厅，可以选择亚麻布或者羊皮纸材质的灯罩。

2 不同茶叶需分茶具泡

家里收藏好几套茶具，各种茶壶茶杯，时常谈论茶道，也是一种生活品位的象征。茶具是茶文化的重要载体，选购茶具也是一门学问，因茶而异，因人而异。

通常，花茶宜用瓷壶冲泡，用瓷杯饮用；炒青或烘青的绿茶多用有盖瓷壶冲泡；乌龙茶宜用紫砂茶具冲泡；工夫红茶和红碎茶用瓷壶或紫砂壶冲泡；西湖龙井、君山银针等茶中珍品应选用无色透明的玻璃杯冲泡。

◎用紫砂壶泡茶，茶味隽永醇厚，且用的时间越长，泡出的茶水味道就越好

提供者：杭州市李荣云，大学教授

3 怎样挑选一次性纸杯

消费者在选购纸杯时首先要看其外观，一般纸杯应密封在塑料包装袋中，包装袋不应有破损，尽量选择杯壁厚实、硬挺的纸杯。其次要看标志，产品包装

上应注明生产企业的名称、地址、产品的执行标准、生产日期、有效期等，消费者应尽量选择近期产品。最后要看商家，消费者购买纸杯时，要到大型商场、超市，选择大型企业生产的知名品牌的产品。

4 好防盗门的制作结构

被小贼光顾过的家庭，多半是因为之前安装的防盗门不够牢靠。一名专业装防盗门的师傅，会考虑之前被盗的教训。这次师傅分享了好的防盗门制作结构要点。

首先，材质要厚实。管材板厚度一般不低于 1.2 毫米，钢管体的表面处理光洁度高、无毛糙起泡，材质厚实的钢管敲打起来音质好，手感稳重。

其次，结构要合理。附带门框的防盗门更坚牢保险，而且便于夏天装纱窗。门栅栏钢管的间距不大于 6 厘米（手指伸不进来最好）。

最后，锁具要选择第三舌头锁头多保险功能的防盗锁，并在门上安装门锁保护铁板，使无钥匙者难以启动。

提供者：中山市钟真荼，工程师

5 如何选购实木门

实木门属于高档次豪华型门窗装饰的一部分，可以选用红春木、泰柚木或花梨木制作。商品实木门规格有 80 厘米 ×190 厘米、80 厘米 ×200 厘米、90 厘米 ×200 厘米几种。每扇门的价格在 1500~3000 元，优质上等柚木门价格高达 4000~10000 元。

6 布艺家具安全又舒适

挑选布艺家具需要时间和一定的方法。首先，布艺家具框架应是超稳定结构、干燥的硬木，不应有突起，但边缘处应有绲边以突出家具的形状。其次，主要联结处要有加固装置，通过胶水和螺丝与框架相连，无论是插接、粘接、螺栓联结还是用销子联结，都要保证每一处联结牢固，以确保寿命。独立弹簧要用麻线拴紧，工艺水平应达八级工。在承重弹簧处应有钢条加固弹簧，固定弹簧的织物应不易腐蚀且无味，覆盖在弹簧上的织物同上特性。防火聚酯纤维层应设在座位下，靠垫核心处应是高质量的聚亚氨酯，家具背后应用聚丙酯织物覆盖弹簧。为了安全、舒适，靠背同样要有座位一样的要求。

7 雨伞款式适用不一

雨伞功能作用都一样——遮风避雨，但款式与设计不仅众多而且不一。年轻女孩适宜选择色彩鲜艳、画面精致的伞，或者选择便于在女式提包中收藏、携带的三节尼龙折叠伞。男生宜选轻便、灵活、素色尼龙面的二节或三节折叠伞。老年人由于行动不便，可选购55厘米左右长度的轻便尼龙面梅花骨长柄伞，晴天还可代手杖助步。

8 鉴别真皮座椅的质量

很多人对真皮座椅情有独钟，家里的沙发座椅皆是真皮的。选真皮座椅还是有一定技巧的：

首先，用眼观察，看皮质的表面是否光滑，皮纹是否细密。牛皮色泽应光亮柔和且没有反光感，皮子的厚薄要均匀一致。其次，用手感觉，抚摸皮质是否柔软舒适、滑爽有弹性。两只手拿起皮子的一角，向两边拉，不易变形、牢度、弹性好、延伸率适中的为好皮料。最后，有条件可用潮湿的细纱布在皮面上来回擦拭几次，查看布上是否染有颜色，一般的色差极小为宜。

9 怎样为孩子选家具

考虑儿童的特殊年龄要求，应为各个年龄段的孩子选择款式不同、大小尺寸各异的睡床、桌椅等家具。最好能自由升降调节高度，尤其桌面的高度一定要恰到好处，这样可尽量避免造成儿童近视。

为孩子选择的睡床不能太软，由于孩子处在成长发育期，骨骼、脊柱没有完全发育到位，睡床过软容易造成儿童骨骼发育变形。同时最好选择环保型的材料，让孩子从小就能够生活在健康、自然的环境中。要多选一些鲜艳而有生命力的颜色。另外，儿童家具一定要边角柔滑，无尖利感，避免磕碰到孩子。选用许多隔板式样的，可方便放置儿童的玩具、书本，使孩子们的空间井然有序。

◎不同年龄的儿童有不同的要求，儿童家具也应按照儿童的需求来选购

10 选家具要重视色彩

人们生活水平的提高和居住环境的日益改善，居民们除了选购美观实用的家具摆设外，更多的是注重室内装饰的整体效果，因此室内设计的颜色也变得多姿多彩。要使居室看起来宽阔及清新自然，选择颜色方面就要多花心思。在居室装饰中色彩的运用是室内设计非常关键的因素，色彩能够营造和谐、怡情悦目的居室氛围，也可以通过不同的色彩来改变居室的格调。

◎要想居室看起来宽阔及清新自然，选择颜色方面就要多花心思

11 挑选墙纸有四招

装修时选购一款好的墙纸，不仅样式好看，还显得家居环境很上档次。墙纸市场鱼龙混杂，很多人都买到劣质的墙纸。在这里，介绍一些选购墙纸的技巧，挑选墙纸时：

一看：就是看墙纸的图案是否精美细腻，有否层次感、色差，对花准不准，色调过渡是否自然柔和，是否发黄。

二摸：是指用手触摸墙纸，感觉一下它浮凸感强不强，纸面（PVC涂层）是否较厚实。

三擦：指用手或软布蘸水稍用力擦纸面或基底，如果容易脱色或脱层，墙纸的质量就不好。

四闻：就是闻一下墙纸有无比较浓烈的气味。以上挑选墙纸的四招，保证挑到上乘的墙纸，把家装饰得漂漂亮亮。

提供者：南京市郑煜平，营销经理

12 挑选一把好菜刀

菜刀对于中国厨房的重要性，是不言而喻的。挑选菜刀时，应看刀的刃口是否平直，刃口平直的菜刀，磨、切都方便。未开刃的菜刀可用锉去锉刃口，如感觉发滑，证明菜刀有钢，也有硬度。也可用刃口削铁试硬度，如把铁削出硬伤，说明钢有硬度。

13 木质地板挑选有术

一般家庭装饰常用木地板，其种类有素面实木地板、实木淋漆地板、实木复合地板、强化木地板等。根据产地不同又可分国产、合资、进口三种。

在装饰材料市场上，实木地板既有国产的，也有进口的；实木复合地板多为合资企业产品；强化木地板则多为进口产品。地板质量等级可以分为 A、B 两级。A 级板是精选板，它的表面光洁均匀，木质细腻，天然色差很小，做工精良，质量优异；B 级板同 A 级板主要差别在于，部分 B 级板表面有色差，木质稍差，有可能存在质量缺陷。

因此，在选购木质地板的时候，尽可能选择优质的 A 级板。A 级板材质性温，脚感好，耐磨性佳，表面涂层光洁均匀，保养比较方便，使用寿命长。

14 如何选购成套木家具

与单件家具相比，选购成套家具需要考虑的因素更多。通常要把以下几点考虑进来。

家具的造型：成套家具中每件家具的主要特征和处理工艺必须一致。比如，家具腿的造型必须一致，不能有的是虎爪腿，有的是方柱腿，有的是圆形腿，那样会显得很不协调。

颜色：成套家具的颜色要能够与房间色调相搭配。

用料与做工：整套家具的用料做工，要强调其合理性、一致性。受力情况不同的部位，可能酌情使用胶合板、纤维板等不同的板材。

整体功能性：成套家具需要满足睡、坐、写、贮等基本功能。具体挑选时，应根据居室面积及室内门窗的位置统筹考虑。

尺寸比例：选购成套家具时，也要注意尺寸比例的协调与错落，避免家具与家具之间产生不协调的感觉。

15 应选无毒环保筷

不可选购涂彩漆的筷子，因为涂料中的重金属铅及有机溶剂苯等物质有致癌性，会随着使用的磨损而脱落，并随食物进入人体。塑料筷子的质感较脆，受热后容易变形、熔化，从而产生对人体有害的物质。骨筷质感好，但容易变色，而且也比较昂贵。银质、不锈钢等金属筷子太重，手感不好，而且导热性强，进食过热食物容易烫伤嘴。竹筷、木筷无毒无害，非常环保，但由于材质的原因，竹筷、木筷不容易清洗，会被病原微生物污染，故应经常消毒。

16 木纤维的洗碗布

家里的洗碗布常常要换，常用的有以下三种：

百洁布：百洁布擦洗餐具的效果较好，但其以化纤为原料，长期使用，其脱落的细小纤维会对人体造成伤害。

胶棉洗碗布：色彩鲜艳的外观引人注目，是由聚乙烯醇高分子材料制作而成，具弹性，抗腐蚀，吸水性强。

纯木纤维洗碗布：木纤维具有很强的亲水性和排油性，使用时无需加任何洗洁精即可将餐具上的食油擦干净，是较为理想的洗碗抹布。

因此，基于对安全清洁方面的考虑，应选择用纯木纤维的洗碗布，也是洗碗布的首选。

提供者：长沙市范琳，厨师

17 好质量不锈钢锅

不锈钢锅具有美观、清洁、无毒和光亮等特点，但市场上出售的不锈钢锅有时是不锈铁锅。有些人就曾买过几次假的不锈钢锅，用后不久就会生锈，根本不能用来炒菜。其实，真正的不锈钢里面含有一名叫镍的物质，其含量越高，质量就越好。而正规厂家的产品都会打上代号，以标明自己的产品是真正的不锈钢，如果锅上没有打印代号，就不含镍，属不锈铁制品。此外，真正的不锈钢锅的价格往往也要稍高一些。

提供者：广州市廖慧敏，室内设计师

18 选好砂锅有妙法

好砂锅选用非常细的陶质制作，而且颜色多呈白色，表面釉的质量很高，光亮均匀，导热性好。好砂锅的结构合理，摆放平整，锅体圆正，内壁光滑，没有突出的沙粒，锅盖扣盖衔接紧密。用手轻敲锅体，听声音是否清脆，如果声音沙哑，说明砂锅有裂纹。

◎好的砂锅颜色大多呈白色，导热性好

19 买剪刀观察交叉口

首先要看剪刀交叉口处是否钢铁分明，嵌钢是否均匀，有无碎钢现象。其次试剪一下，手感应轻松柔韧，没有不顺畅的感觉。最后才考虑外观式样，两片剪刀大小、薄厚应基本均匀，光洁度要好，电镀剪刀应没有起皮现象。

◎好的剪刀嵌钢均匀，两片剪刀大小、薄厚基本均匀，光洁度较好

20 识别无毒塑料袋

日常生活中经常使用塑料袋，有些塑料袋材质是存在问题的，甚至含毒。可用下面的方法进行辨别。

一感官检测：无毒塑料袋是乳白色半透明或无色透明的，有柔韧性，手摸时有润滑感，表面似有蜡。有毒的塑料袋颜色浑浊，手感发鼓。

二抖动检测：用手抓住塑料袋的一端用力抖，发出清脆声者无毒，声音闷涩者有毒。

三用水检测：把塑料袋按入水底，浮出水面的是无毒的，不上浮的有毒。

21 陶瓷碗碟质量鉴别

有些人有收藏陶瓷碗碟的爱好，经常到旧货市场去淘。在挑选时，会先看碗碟口彩绘的边线粗细是否整齐，图案是否清晰，内外壁有无釉泡、黑斑、裂纹。再用小木棒轻轻敲击碗边，碟壁声音清脆响亮的为上品，声音浑浊的次之，声音沙哑、有颤音的是有裂痕或砂眼的。

提供者：厦门市董欣娓，杂货店老板

22 选砧板看年轮厚薄

挑选砧板时看整个砧板是否厚薄一致，有没有开裂。看年轮，一般是以年轮圆正，纹路清晰而细密的为好。如果有木节，则要看木节是否与木质紧密相连。如果木节与木质有明显接痕或裂缝，则不宜选购。

塑料砧板是近几年出现的新产品，它是用无毒塑料制成的，除不怕水外，还有耐磨、耐用的特点，使用方便。

23 挑选瓷器餐具有招数

挑选瓷器餐具时，可以用食指在瓷器上轻轻拍弹，如发出清脆的磬一般的声响，表明瓷器胚胎细腻、烧制好；如拍弹声发哑，则有破损或瓷胚质劣。表面多刺、多斑、釉质不够均匀甚至有裂纹的陶瓷品，其釉中所含铅易溢出，不宜做餐具。

用此法最终买回家的瓷器瓷器质量都很好，至今没出现过破裂现象。

◎表面多刺、釉质不够均匀甚至有裂纹的陶瓷品，不宜用做餐具

24 鉴别添加增白纸巾

一些纸巾因过度添加荧光增白剂而对人体造成伤害，鉴别纸里有没有荧光剂，简便的方法是用验钞机检验，加荧光剂的纸会使验钞机发出警告声。

25 防疵点选出优质毛巾

毛巾的品种有很多，但品质的差距也很大。选购毛巾其实有一些技巧和心得，即选购时要注意看是否有织造疵点和外观疵点。

织造疵点主要包括断经、断纬、拉毛、稀路、毛圈不齐、毛边、齿边和缝边跳针等。对上述毛病，通常可以对着阳光透视或平铺观察便可以鉴别。

外观疵点主要包括错色、锈渍、污渍、油渍、木印歪斜和模糊不清等毛病。这是印花、漂染的毛病，一般都可以靠眼力鉴别。

26 选把好牙刷

很多人刷牙喜用大头硬毛牙刷，其实这样会造成牙龈萎缩，牙根外露。而且使用了较长的牙刷可以成为细菌繁殖的温床，成为口腔疾病的传染渠道。

选择牙刷，刷头要适合口腔的大小，刷毛宜软而有弹性。刷牙后，牙刷须彻底清洗、甩干，向上置于杯中，以抑制细菌繁殖。

提供者：郑州市王凯，公务员

27 不同洗涤剂的选法

粉状洗涤剂应洁白，不得混有深黄和深褐色粉末。着色洗涤剂的颜色应浅淡均一。液体洗涤剂要求透明，不混浊。浆状洗涤剂的浆料应均匀，无结晶和分层现象。

28 一看二捏选肥皂

购买肥皂时，一般会从色泽和硬度去挑选。各位购买肥皂时也可以参考下面的做法：

一看色泽，肥皂的色泽呈浅黄色，说明肥皂内的油脂原料是纯净的，经过良好的脱色处理。

二捏，用手在肥皂表面捏一下，留有印迹则为理想的硬度。这样的硬度用起来耐磨，不容易裂散。

提供者：厦门市崔欣媛，杂货店老板

29 纸巾的选购要点

通常买纸巾时会看以下三点：

一看包装。纸巾产品包装上应注明生产企业的名称、地址、电话及产品执行的标准、生产日期、有效期等，最好购买最新生产的产品。

二看材质。最好选择用纯木浆生产的产品。

三看白度。纸巾并非越白越好，有些厂家为了提高产品白度，过量增加荧光增白剂。市面上纸巾种类很多，我们选购时要区别分辨，选上品纸巾更安全。

30 适合你家的浴室柜

独立式的浴室柜适合于单身的主人和外租式公寓，它式样简洁、占地面积小、易于打理，收纳、洗漱、照明功能一应俱全。

双人浴室柜是拥有宽大浴室的二人组合的最佳选择，它能避免早晨两个人因等用1个洗面盆而手忙脚乱的局面，不仅非常的卫生，而且使用者可以分别根据各自的生活习惯来摆放物品。

组合式浴室柜具有极强的功能性和清晰的分类，它既有开敞式的格架，又有抽屉和平开门，形状规格也各不相同，可根据物品使用频率的高低和数量来选择不同的组合形式及安放位置。

提供者：厦门市崔欣媛，杂货店老板

31 电子体温计要选好

首先，察看电子体温计的表面是否光洁，无疵点。其次，将电子体温计的开关钮置于通位，检查电子体温计显示标记是否正确，经多次电源通、断试验，电子体温计显示均相同，说明该电子体温计的重复性为佳。

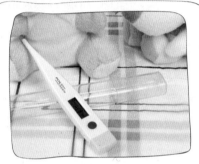

◎家里备用的电子体温计最好是一人一支，以避免交叉感染

32 圆形婴儿床更安全

养育宝宝实属不易，所以要将宝宝的安全放在第一位考虑，因此一定要买符合严格的安全标准的婴儿床。

家有宝宝，选的婴儿床一般都选圆柱形的栅栏，一般两个栅栏间的距离不可超过6厘米，防止宝宝把头从中间伸出来。此栅栏相对比较安全，家里的小宝宝都会乖乖待在里面。

另外，婴儿床的所有表面必须漆有防止龟裂的保护层，防止宝宝用嘴巴啃床时伤害牙龈。围在婴儿床内四周的围布应是不容易撕裂的围垫，以保护婴儿的头部。小床必须有栅栏，高度以高出床垫50厘米为宜。

提供者：厦门市崔欣嫒，杂货店老板

33 鉴别纯木浆纸巾

选购纸巾时，要考虑是否100%纯木浆，下面提供几种辨别纸巾质量的方法。

眼观手摸法：纯木浆生产的纸巾一般匀度好，皱纹细腻，摸起来手感好，不掉粉、不掉毛，强度好，撕扯起来有韧性。反之，差的纸巾则容易掉粉、掉毛、掉渣。

沾水法：一般用纯木浆生产的纸，即使用水浸过，也保持原有形状，而劣质的卫生纸见水就散，基本拿不起来。

燃烧法：好的卫生纸巾，燃烧后呈白灰状，而劣质纸巾燃烧后呈黑灰状。

提供者：广州市郭灿，便利店老板

34 选优质羽绒被看两点

首先，根据羽绒被被心的种类选购。羽绒被的被心有白鹅绒、灰鹅绒、白鸭绒、灰鸭绒、鹅鸭混合绒和粉碎绒等多种，含绒量分别在 15 % ~70 %。其中质量最好的是鹅绒，它绒朵大、羽梗小、品质佳、弹性足、保暖性强；较次是鸭绒，虽绒朵、羽梗都比鹅绒差些，但品质、弹性和保暖性都很高。鹅鸭混合绒绒朵一般，弹性较差，但保暖性还不错，而粉碎绒由于是毛片加工粉碎，弹力和保暖性差，有粉末，品质较次。

其次，根据羽绒被的面料选购。羽绒被的面料有仿绒布、塔夫绸、尼龙涂塑布等。其中仿绒布色泽不鲜，经济实惠；塔夫绸色泽鲜艳，颜色多种，可由各自喜爱挑选；尼龙涂塑布质地牢固，由于涂塑作用，保暖性更强。

◎鹅绒弹性足、保暖性强，品质最佳

35 真伪亚麻凉席识别法

有识别真伪亚麻凉席的方法，给大家参考。

目测法：优质纯真的亚麻针织产品，纹路清晰、密实，耐拉力强，织物表面光泽自然柔和；而化纤织物光泽过亮。

观察法：透光照射亚麻针织产品，能看到云斑，有时还能找到少量麻粒子。

手摸法：纯亚麻针织产品手感凉爽，有垂重感，用力握稍有折皱。

燃烧法：取点亚麻织物的纱线，将其燃烧，如有烧纸味，且灰烬细腻呈白灰色，则证明是麻织物；而化纤织物一般燃烧后都有刺激性气味，灰烬呈球状。

提供者：厦门市崔欣媛，杂货店老板

36 优质毛巾毯选购要点

毛巾毯也称毛巾被，它凭借着良好的透气性、易洗涤、易收纳等特点，成为夏季必备的床上用品。选购毛巾毯时要看以下几点：

一看毛圈：质量好的毛巾毯，正反面每个方眼里的毛巾圈多而长，丰富柔软；质量差的毛巾毯，毛圈短而少。

二掂重量：质量好的毛巾毯，分量

重，选购时可挑几种用手掂量比较一下。

三看是生纱还是熟纱：熟纱产品柔软耐用，吸水性强；生纱产品手感硬板，吸水力弱。

四看织造质量：将毛巾毯平铺或对着阳光透视观察，看其有无断经、断纬、露底、拉毛、稀路、毛圈不齐、毛边、卷边和跳针等织造疵点。

五看外观：是否有渗色、污渍或图案模糊不清等外观缺点。

37 不要买荧光增白纸巾

给大家提个醒，超市卖的纸巾并非越白越好。一些纸巾因过度添加荧光增白剂会对人体造成伤害，用一招立马鉴别出纸里有没有荧光剂，方法很简单就是用验钞机检验，加荧光剂的纸会使验钞机发出警告声。

提供者：芦沙区市白千年，采购

38 如何鉴别纯木浆纸巾

大家都想用上质量好的纸巾，纯木浆纸巾柔韧耐用，加工选材精良，深受消费者喜爱。如何选出纯木浆纸巾，有一窍门：

眼观手摸：纯木浆生产的纸巾一般匀度好，皱纹细腻，摸起来手感好，不掉粉、不掉毛，强度好，撕扯起来有韧性。反之，差的纸巾则容易掉粉、掉毛、掉渣。

沾水法：一般用纯木浆生产的纸，即使用水浸过，也保持原有形状，而劣质的卫生纸见水就散，基本拿不起来。

燃烧法：好的卫生纸巾，燃烧后呈白灰状，而劣质纸巾燃烧后呈黑灰状。

39 巧购环保家具

家具污染不可轻视，在选购家具时可以采用以下 4 字诀，把污染挡在室外。

望：看材质、找标志。在购买家具时，要注意查看家具是用实木还是人造板材制作的。另外，要看看家具上是否有国家认定的绿色产品标志。

闻：刺激性气味要小心。在挑选家具时，闻一闻是否有刺激性气味，这是判定家具是否环保的最有效方法。

问：要了解厂家实力。在与销售人员讨价还价的时候，可以了解一下家具生产厂家的情况，一般知名品牌、有实力的大厂家生产的家具，污染问题比较少。

切：摸摸家具心里有底。摸摸家具的封边是否严密，材料的含水率是否过高。

提供者：武汉市潘月诗，家具店老板

居家装修窍门

1 客厅天花板用浅色

不少人家的客厅都会装饰天花板。因为客厅是住宅的门面，客厅屋顶的天花板是天的象征，因而天花板的装饰不仅要美观大方，还要使客厅保持宽敞明亮，不宜造成压抑昏暗的效果。如住宅的高度不够，不宜装饰天花板。客厅的天花板既然是天的象征，其色彩当然以淡雅为宜，可采用白色、浅蓝色等，有如蓝天白云，使居住者感到精神爽朗。

2 客厅主题墙装饰要诀

客厅的主题墙就是指客厅中最引人注目的，一般是放置电视、音响的那面墙。例如利用各种装饰材料在墙面上做一些造型，以突出整个房间的装饰风格。既然有了主题墙，客厅中其他地方的装饰装修就可以简单一些。另外，主题墙前放置的家具也要与墙壁的装饰相匹配，否则也不能获得完美的效果。

3 节省客厅装修瓷砖

客厅装修中，如果想节省瓷砖和降低造价，建议作以下几点考虑。

选择合适的规格，找设计师画出排砖图。按图计算瓷砖的数量，加正常施工损耗。选择对拼对花色拼对图案要求不高的品种，以便裁割下来的半块（或边条）能利用到其他地方。调整平面、立面设计，避免包立管、小转角这样必须切割、容易破损、浪费瓷砖的地方。巧妙利用腰线、其他规格面砖拼花色、地面圈边线、竖向装饰线、卫生间墙面镜面尺寸等方面设计，丰富效果的同时，避免或减少裁砖。掌握家装小块省砖，大块费砖原则。结合设计效果，合理选用偏小规格的瓷砖。选择质量好的瓷砖和技术高的工人，施工切割时，减少无谓的损耗。虽然单价略高，但综合算下来，还是节省的。

提供者：杭州市刘茵茵，室内设计师

4 客厅地板材料要选对

在给自家地板铺地砖时，曾不知从何下手，选择哪种材质的才对。

一从事装修多年的朋友建议，客厅较大，而且楼层高的一般考虑用大块瓷砖，因为瓷砖给人感觉比较大气，而且也比较好打理。

如果楼层低，家里有小孩，客厅不是很大，应该用实木地板，且和周围其他房间用同样材质的地板。这样在整体上会显得客厅宽敞一些。

家里楼层不高，有小孩和老人，最好选用实木地板，整个家看上去会很宽敞，住着也舒适。

◎客厅地板的选择可根据客厅大小和楼层高低来决定

提供者：深圳市谢涵巧，室内设计师

5 客厅功能如何分区

好客的家庭，会常邀请亲朋好友在家聚会，而客厅沙发和茶几是待客交流及家庭团聚畅叙的主场地。因此，在沙发选择上会考虑其质量的好坏、舒适与否，以及色彩与造型对待客情绪和气氛会发挥何种影响。视听空间是客厅视觉注目的焦点，现代住宅也越来越重视视听区域的设计。通常视听区布置在主座的迎立面或迎立面的斜角范围内，以便视听区域构成客厅空间的主要目视中心，并烘托出宾主和谐、融洽的气氛。

6 用超小家具打破局限

买的家具很难严丝合缝地填满房间，在小户型时代，浪费面积不能体现优雅，精打细算才是聪明选择。如果家里的客厅不大，放张餐桌就显得很拥挤，可以把餐桌挪掉，就在厨房与客厅的合理位置增加小巧的吧台，既可以休闲聊天就餐，也可以充当操作台或书桌来使用。

提供者：珠海市王圆圆，家庭主妇

7 客厅有特色才最吸引

客厅装修，最需讲究的是功能开发，而不必盲目追求材质和档次。比如，可利用多功能矮柜或吧台、角橱分割出用餐和会客的区域，突出某一特色，营造独特的气氛。当人们走入客厅时，会被这精彩之处所吸引，从而引发对新居全貌的好感。

因此，客厅装修不妨在形成特点上多做一点文章。这样既省钱省时，又能增加客厅的装饰效果，可谓一举两得。

◎客厅的装修，最需要讲究的是功能的开发，因而不必盲目追求材质和档次

8 使布艺沙发更具温馨

一到冬日，萧瑟的冷风总是让人对布艺倍加思念。这时给家里的沙发套上喜欢的布质沙发套，会觉得布艺的柔和与色彩的丰富赋予了沙发多变的情感，具有极强的亲和力。

布艺沙发多变的线条对冬日冷冷的气氛能起到很好的融化作用，坐上去那一刹，那温柔的接触，也足以让人享受上好一阵子。

提供者：苏州市刘涵柏，布艺店老板

9 合理划分厨房功能区

厨房面积不大，仅能容下2人操作，大袋小袋的食品和厨具很容易就放得满满，场面看着就很慌乱。

其实，可以给厨房合理安功能区域，划分操作区、储藏区、设备区、通行区等，如此各行其责，结果这样的设计能节省往返行程和操作时间，大大提高了劳动效率。因此，给厨房分区真很有必要，清晰合理的流程规划，做事情也会事半功倍。

10 厨房以橱柜为主

厨房的设计中心是橱柜，空间的装修风格、布局、色彩、装饰都应以它为中心。定下了橱柜的位置、颜色和风格后，其他的部分就可以随之展开，即使厨房的面积变大了，也不要摆放过多的东西，以免给人留下压抑感。

11 定制厨房平台

平时在厨房里干活时，由于长时间保持屈体向前倾斜，容易对腰部产生极大的负荷，日积月累，最后腰疼也伴随而来。

最好根据下厨人的身高和活动范围，重新调整操作平台的高度。新的操作台用起来方便多了，能灵活转身，大大减轻疲劳，下厨人的腰再也不用费力劳作了。

有同样苦恼的朋友，建议对自家的厨房操作台进行修整，一定要依您的身高来决定平台的高度。

◎1个家庭主妇每天在厨房上忙碌几小时，所以厨房料理平台的高度非常重要

提供者：深圳市李梦媛，离休干部

12 不轻易改造煤气管道

煤气与天然气的管道往往受房屋结构的限制，一般不让随意改动。如果不得不改时，必须经过物业公司的同意。改动时，由于专业性较强，同时为方便日后的维修，通常由煤气、天然气公司或物业公司指定的专业公司负责改动。

13 厨房灯光分层次

厨房灯光需分成两个层次：1个是对整个厨房的照明；另1个是对洗涤、准备、操作各区分别的局部照明。后者中洗涤与准备区，一般可以在吊柜下部布置射灯光源，并设置方便的开关装置。操作区中，现在性能良好的抽油烟机一般也配备有灯光，充足的光线能使您在操作时更能掌握火候。

◎厨房中的灯光设计既要顾及到整体的光线，又要兼顾到局部的照明

14 巧造暖色调厨房

五颜六色的厨房，下起厨来会很享受，但由于锅碗瓢盆色调基本偏冷，因此，给厨房添色加彩，也能美化生活，增加情调。暖色调的厨房会让使用者更享受做菜的过程，甚至还能给菜色加分。打造暖色厨房的技巧有几个：

如多用橘黄、枫红、草绿等自然色更好，大众普遍喜欢的原木色，也可以作为厨房的主色。暖色调适合较大的厨房，墙面以橘黄、梨木色、泥色为主，使人徜徉其间，温暖感四溢。秋季收获南瓜、玉米、红辣椒都可以作为装饰品搬进厨房。

◎暖色能给人温暖柔软的感觉，会让厨房显得比较温馨

提供者：北京市杨英彩，家庭主妇

15 厨房地板重防水

以厨房地板来看，大理石及花岗石是经常被使用的天然石材，这些石材的优点是坚固耐用、永不变形，并有良好的隔音效果。但是它们有一些缺点，如价格较高、不防水、着水后比较滑，而且有不吸热、吸冷的特性，气候较潮湿的地区，就不适合采用了。

现今市面上有一种人造石材，较天然石材便宜，且具防水性，可谓厨房地板的建材新贵。

16 厨房墙壁选材要诀

厨房的壁面反复刷过无数遍了，过不了多久又会沾满油污，清洗起来挺麻烦的。推荐给厨房贴上防火的塑胶壁纸，极其容易清洁，亦可撕下来更换新的壁纸，可保厨房墙壁不易受污受损。

购买时，以耐火性、抗热性、表面柔软度，又具视觉美观者为最佳考虑。目前市面上有已获准防火鉴定的塑胶壁材、瓷砖等。有些壁纸具多样的色彩花色，能活泼表面的视觉。

17 厨房天花板要防火

天花板的质材首要重点是防火、抗热，当然不易污损、褪色也是重点。通过防火鉴定的塑胶壁材等，都是不错的选择，设置时需配合通风设备及隔音效果。

如果在厨房装设天窗，须用双层玻璃，在安全上才没有顾虑。照明设备若置天花板和塑胶层之间，则可用半透明的塑胶层。

18 合理分配厨房电器

现在厨房面积大小都比较适中，电器随之也进入了厨房，使操作更方便了。可因每个人的不同需要，把冰箱、烤箱、微波炉、洗碗机等布置在橱柜中的适当位置，使开启或使用起来更加流畅，以此提高厨房电器的烹饪效率。

19 关于厨房装修问题

厨房里许多地方应考虑到孩子的安全问题。如炉台上设置必要的护栏，防止锅碗落下，各种洗涤制品应放在矮柜下（洗涤池）专门的柜子，尖刀等器具应摆在有安全开启的抽屉里。

20 开放式厨房如何选家具

厨房、餐厅和客厅的家具无论是定做还是购买，式样一定要选择简单的，切忌选择雕刻繁琐的中式家具，藤编、柳编类家具和布艺沙发及餐椅，这是为了防止沾染油污，便于清洁。开放式厨房的台面不应放过多的炊具，以保证其美观性。

因此，业主最好能让储物的橱柜尽可能大些，将这些不美观都装到柜中。客厅、餐厅的家具与厨房家具要协调，以确保开放式厨房能融入整体家居氛围中。

21 减少开放式厨房油烟

有些人家里用的是开放式厨房，平时做菜很怕油烟。建议选用不会产生太多油烟的厨房用具，比如大功率、多功能的抽油烟机是必不可少的减烟卫士。在餐厅和客厅最好还要加装换气设备，以便吸走漏网的油烟。另外，开放式厨房最好能有较大的窗户，可以确保良好的通风性，也能减除室内的油烟味，还能让室内的光线更通透。

提供者：深圳市唐丽丽，医生

22 开放式厨房的电路

开放式厨房的建筑材料一定要选用防火材料。电路一定要远离燃气线路,电源线、网线及水管都要从地下连接。开放的厨房中虽然要多留电源插座,但它们最好能隐藏于电器或橱柜的后面,否则影响美观。

23 花草增加幸福感

给家添置一些植物会令整个家很有活力,定期给家里更换植物,会美化居家环境。

在客厅最好选用仙鹤草,这样人置身其中,仿佛置身于风吹草低见牛羊的草原,心境变得淡泊明静。在卧室最佳的选择是放一些薰衣草在枕边,它会令

◎卧室可放薰衣草、夜来香、玫瑰等,能使你睡得更香,心情更加舒适、宁静

你睡得更安稳;也可用夜来香、玫瑰等花卉,能使你的心境变得更加舒畅、宁静。此外,书房可以选用康乃馨、茉莉,既可提神健脑,又能增添书房内的幽雅气氛。餐厅则可以用柑苔型芳香花卉,柑橘、青苔的清香,可使人们在进餐时更有食欲。

提供者:广州市李启银,园艺师

24 挂画选最心仪的

很多人都会为自己的家挑选几幅挂画进行装饰,选什么样的画与自家的风格更合宜?其实,自己喜欢的便是最好的,选画装饰是个人情感的体现,强调个性。

布置的过程,坚持宁少勿多,宁缺毋滥。在1个空间环境里形成一两个视觉点就够了,留下足够的空间来启发想象。在1个视觉空间里,如果同时要安排几幅画,必须考虑它们之间的整体性,要求画面是同一艺术风格,画框是同一款式,或者相同的外框尺寸,使人们在视觉上不会感到散乱。

提供者:南京市邢培建,软装设计师

25 地毯融入居室更出彩

房间整体的布置颜色都已经决定，那么地毯颜色就应该选择和家具墙壁色彩相近的颜色。

如果居室里用的是有图案的沙发、墙纸、涂料，墙上挂的有风景画或艺术画，那么您就可以从它们的颜色中挑选一种颜色作为地毯主色调。深色调可用在卧室、活动室、餐厅；浅色调的可以用在客厅、书房等房间。但也可以根据个人的喜好与品位选择一种地毯颜色作为房间搭配的调色剂。

26 居室壁灯装饰小·技巧

壁灯是室内装饰灯具，一般多配用乳白色的玻璃灯罩。光线淡雅和谐，可把环境点缀得优雅、富丽，尤以新婚居室特别适合。壁灯的种类和样式较多，吸顶灯多装于阳台、楼梯、走廊过道以及卧室，适宜作长明灯；变色壁灯多用于节日、喜庆之时采用；床头壁灯大多装在床头的左上方，灯头可转动，光束集中，便于阅读。壁灯安装高度应略超过视平线 1.8 米左右。连接壁灯的电线要选用浅色，便于涂上与墙色一致的涂料，以保持墙面的整洁。

27 卧室光源设计效果

卧室是休息的地方，要想得到高质量的睡眠，除了安静的环境、柔软合适的卧具，还需要提供易于安眠的柔和光源。所以，卧室的光源设计最重要的是，以灯光巧妙的布置来缓解白天紧张的生活压力，且卧室的照明应以柔和为主。

卧室的照明可分为照亮整个室内的天花板灯、床灯及低的夜灯。天花板灯应安装在光线不刺眼的位置；床灯可使室内的光线变得柔和，充满浪漫的气氛；夜灯投出的阴影可使室内看起来更宽敞。

◎卧室的照明灯不宜安装在光线太刺眼的位置，以免影响睡眠

提供者：深圳市蔡婷婷，家庭主妇

28 卧室床铺如何摆设

有一张温馨的床至关重要，人的一生有 1/3 的时间在床上度过。很多人都很重视睡眠质量，舒适度是很重要的。搬过几次家，每次家里的摆设都稍有不同，发现床铺的摆设会直接影响到睡眠状况。建议床铺摆在靠墙角的地方，床头靠向墙壁的一侧；家具与床铺至少要间隔 70 厘米，以便走动，室内的家具陈设应尽可能简洁实用。

◎卧室的灯不宜正对着床的顶部，这样会给人压抑感

29 主卧室设计要诀

主卧室色彩应以统一、和谐、淡雅为宜，对局部的原色搭配应慎重，稳重的色调较受欢迎。卧室的灯光照明以温馨的黄色为基调，床头上方可嵌筒灯或壁灯，也可在装饰柜中嵌筒灯，使室内更具浪漫舒适的温情。卧室不宜太大，空间面积一般 15~20 平方米就足够了，必备的使用家具有床、床头柜、更衣橱、低柜（电视柜）、梳妆台。如卧室里有卫浴室的，可以把梳妆区域安排在卫浴室里。

30 卧室材料隔音为好

卧室是休息和独处的私密空间，温馨，隔音是卧室装修的要点。所以布置新房时，从选材、色彩搭配、灯光布局到物件的摆设都会花很多心思，才能打造出温馨的小屋。卧室应选择吸音性、隔音性好的装饰材料，触感柔细美观的布贴，具有保温、吸音功能的地毯都是卧室的理想之选。而像大理石、花岗石、地砖等较为冷硬的材料都不太适合卧室使用。

提供者：宁波市安建军，外贸经理

31 卧室照明的艺术

为了满足功能照明的要求，可采用两种方式，一种是装设有调光器或电脑开关的灯具；另一种是室内安装多种灯具，分开关控制，根据需要确定开灯的范围。卧室一般照明多采用吸顶灯、嵌入式灯。普通房间也可选择荧光灯具。

◎卧室的灯光不宜太亮，最好是利于睡眠的暖色调

婴幼期到青少年成长过程中的需要。孩子房间的铺地材料必须能够便于清洁，不能够有凹凸不平的花纹、接缝，因为任何不小心掉入这些凹下去的接缝中的小东西都可能成为孩子潜在的威胁。同时，这些凹凸花纹及缝隙也容易绊倒蹒跚学步的孩子，所以地板保持光滑平整很重要。

提供者：深圳市陈玲娇，家庭主妇

32 卧室墙面如何设计

卧室的色调应以宁静、和谐为主旋律，面积较大的卧室，选择墙面装饰材料的范围比较广；而面积较小的卧室，小花、偏暖色调、浅淡的图案较为适宜。在选择卧室墙面的装饰材料时，材料的色彩宜淡雅一些，太浓的色彩一般难以取得较满意的装饰效果，选用时应予以注意。

33 儿童房地板要平整

在给儿童房进行装修时，地板是考虑的一大重点。因为孩子离开摇篮后，地板自然就成了他们接触最多的地方。

儿童房间里任何地方的地板材质都必须有温暖触感，并且能够适应孩子从

34 青少年房照明巧设计

青少年房间应有多种不同用途的灯具。良好的顶部照明，结合学习使用的工作灯，谈话区温馨光照的台灯等。

除去以上的各种不同功能的灯具以外，造型独特的地灯也是非常需要的，因为它除了照明以外也是很好的陈设。青少年的房间一般都比较小，在这个小房间里有多种功能要求。因此，不同功能要求开启不同的照明灯光，使房间产生层次感、空间感。

提供者：上海市杨琳，中学老师

35 小·面积卧室如何装修

小面积卧室设计时要善于利用每寸空间，要面面俱到，装修时应遵循几点：

在墙面、角落或门的上方可以装设吊柜、壁橱，用来贮放衣物，摆设书籍、工艺品等，节省占地面积。

家具要尽量简朴、明净，色泽淡雅；茶几、餐桌等东西应选用透明的玻璃桌面，以减少它们的笨重感。

窗的饰物尽量从简，如果顶部有短帷，不要过于突出，应避免层层叠叠，给人一种繁琐累赘的感觉。

房间应尽量采用浅色调，整个居室也应采用同一色调来布置，甚至卫浴也应如此。

此之外，一居室要特别注意安排好卧室空间。

36 儿童房色彩要活泼

在给儿童房作设计布置时，色彩会更丰富一些，据说不同的颜色可以刺激儿童的视觉神经，千变万化的图案可满足儿童对世界的好奇心。

儿童房在色彩和空间搭配上以明亮、轻松、愉悦为选择方向，用很多对比色，像小孩穿衣服要用彩色培养活泼

性格一样，一般来说不要只用黑色和白色，至于具体用什么颜色，只要不太花哨就可以了，而且颜色不要用大红大紫的，也不能用很杂的颜色。

另外不能大面积地使用同一种颜色，因为这样会对儿童成长期间的心理产生影响，如焦虑、烦躁等。

提供者：天津市焦振鹏，室内设计师

37 儿童房照明更有趣

儿童房的光线照明不能过于呆板，因为儿童有自己独特的个性特点，由于行为特点的不同，所以在照明要求上要满足功能需要。

学习区及游戏区要有充足的光照，宜使用可调节的台灯。在这个时期的儿童，有很多引以为自豪的摆设可以适当安置投射灯，以增加光源，通过不同灯光的投射效果，增加房间的空间层次感，使房间增加趣味性。

38 儿童房重在安全性

安全性是儿童房设计时所需考虑的重点之一。如在窗户设护栏，家具尽量

避免棱角的出现，采用圆弧收边等。材料也应采用无毒的安全建材为佳。家具、建材应挑选耐用的、承受破坏力强的、使用性高的。

◎设计儿童房首要考虑的问题是安全性，家具选购和装修建材都需要考虑

提供者：合肥市蔡洪斌，设计师

39 老人房色彩选择要诀

要从适合老年人的生理和心理角度出发，选择相应的颜色来装饰居室。

老年人喜爱洁静、安逸，性格保守固执，而且身体较弱。因此应选用一些古朴而深沉、高雅而宁静的色彩装饰居室，如米色、浅灰、浅蓝、深绿、深褐。蓝色可调节平衡、消除紧张情绪；米色、浅蓝、浅灰有利于休息和睡眠，易消除疲劳。

40 为老人打造方便空间

对老人来说，流畅的空间可让他们行走和拿取物品更加方便，这就要求家中的家具尽量靠墙而立，家具的样式宜低矮，便于他们取放物品。床应设置在靠近门的地方，方便老人夜晚如厕。

可折叠、带轮子等机动性强的家具，一不小心就容易对老人造成伤害。因此家具选择上，宜选稳定的单件家具。零散物品容易绊倒老人，最常见的是散乱的电线等，可以用挂钩加以固定，让空间既整洁又安全。

41 老人房照明要点

老年人的房间最好不要挂大灯，因为老人习惯夜里起来，如果在半夜突然遇到特别刺眼的灯光，会影响到他们的睡眠。

老人的房间的照明设计，应最好使用间接光，尽量避免光线直射眼睛。有些老年人喜欢躺在床上看书，所以床头灯应该稍微亮点，最好使用装有调节开关的灯，看书时可以调亮点，看电视时则可以调暗点。老人的房间灯光应该偏暖色，这会让房间有很温馨的感觉；光源不要太复杂。

42 老人房地面材料

老人身体状况再好，摔倒等情况对于他们来说还是非常危险的。年纪大了，老年人特别忌讳在家摔倒，所以要请人重新给地面换成包含防滑材料的，否则光滑的地砖或木地板一旦不小心洒上了水，就极容易使家里的老人滑倒。其实也可以对已铺设了一般地砖或木地板的家庭，可以再选购几块装饰地毯，既美化了空间，又能保证老人的安全。

43 老人房窗帘有讲究

老年人的居室窗帘可选用提花布、织锦布等，厚重、素雅的质地和图案，以及华丽的编织手法，也能体现出老人成熟、稳重的智者风范。此外，厚重的窗帘带来稳定的睡眠环境，对于老人的身体大有好处。

44 布局浴室有技巧

刚搬进新房子的时候，也要对浴室的布局好好考虑一番，浴室的布局也很讲究。应充分利用隔离墙，可在墙上做镜橱、在墙内安置皂盒、纸盒等。

浴室如在3平方米左右，可采用全封闭吊顶；如在4平方米以上，再采用全封闭吊顶的话既不经济也不实惠，可将卫生间分为两部分，将浴缸的一边垂直封闭，浴缸上面吊顶，这样一来冬天沐浴也不觉得冷，在另一侧的上部做个大吊橱，可放一些雨具、洗涤用品等杂具。

45 浴室电器安全第一

在添置浴室电器时，最好选择有品牌且防水性能较好的产品，才会有安全保障。

如长期在潮湿的环境下使用的沐浴暖灯，外壳应由不锈钢制成，防腐功能要好，而且带防水电源开关、电缆及插头，通电使用或断电时不怕水淋、水溅，不会造成漏电或损坏。还需配备防水灯罩、防水插座等。选择放在浴室的电器时，安全是第一要考虑的。

提供者：广州市杨俊超，工程师

46 选好洗脸台装修材料

洗脸台面要选择通体的（即台面的表面材料和内部材料成分、色泽一致），不可选择仅有一层表面胶壳的台面，因仅有表面胶壳的台面一经破损即无法修复（要检验台面是否为通体，可用灯光从背面近距离照射，可透光的才是通体的台面）。

　　另外台面和洗脸盆接缝处必须打填缝剂，以防止水从接缝处渗出。

47 浴室地砖铺设三要领

　　浴室是家人每天都要使用的地方，在装修时地砖的铺设就尤为重要。浴室地砖铺设的要领有三：第一，要有泄水坡度，斜坡朝向地板下水口；第二，地砖接缝要粗细一致，并且和壁砖接缝要对齐；第三，浴缸前墙采用地砖贴瓷砖时，地砖最好先贴至墙面下方，然后再贴壁砖，以避免产生破口。

◎规划好浴室地板砖的铺设，能很好地解决漏水、积水等问题

48 地面如何防水

　　防水材料有许多种，目前使用较普遍的是防水剂。铺设防水层时要铺至墙脚以上约 20 厘米，至少也不可低于门槛的高度。地板有预留管时，防水层亦需包住预留管。地板防水做好且干燥后，必须立即以水泥砂浆打底或做保护措施，以防止防水层破损。

49 浴室门槛设计二要诀

　　门槛是阻止水从浴室内溢出的关卡，设计及施工要点有二：

　　第一，门槛上平面要往浴室内侧倾斜，以使水珠可顺利流向浴室内侧。

　　第二，门槛要和门框同宽（且门框要和墙壁厚度相同），这样在铺设地砖时才不会有大的出入，产生破口的机会也就相对地减少了。

50 简易搁板巧安装

　　洗脸盆上放许多清洁卫生用品会显得杂乱无章，而且容易碰倒。建议在洗脸盆周围钉上 10 厘米的搁板，这样能放得下化妆瓶、刷子、洗漱杯等物品便可以了。

　　另外，经多次测试，搁板高度以不妨碍使用水龙头为宜，搁板材料可用木板、塑胶板等。采用搁板收纳浴室用品真的很实用，既节省空间又美观。

提供者：昆明市张恩巧，行政经理

51 老人洗澡间要防滑

家里有老人的家庭，就算老人身体硬朗，做小辈也应该日常起居上尽心尽力地照顾。

在给老人选浴缸时，不宜选择太深和有明显弧线的浴缸。因浅的浴缸既方便老人出入，又能保证安全水位，而弧线小的浴缸不易打滑，老人容易抓扶。

如果父母的家中安装的是淋浴，就要考虑购买防滑地板、淋浴板凳这一类防滑产品。

提供者：北京市董佳睿，产品经理

52 卫浴用同色系瓷砖

醇厚浓郁的咖啡色受到越来越多上层人士的青睐，用深咖啡色瓷砖作为主色装饰墙面和地面，既显档次又便于收拾打理。

在长方形的卫浴空间中，浅色瓷砖大面积地铺贴墙面，U 形的咖啡瓷砖当之无愧成为浴室中最具创意的设计，墙面与地面联合贯穿，将卫浴分隔为两个部分。

提供者：东莞市明鹏，建筑师

53 选择玻璃卫浴的理由

玻璃浴具成为浴具产品的主流，玻璃浴缸极具个性，它的靠背高高凸起，坐在里面，会形成很完美的曲线，金属配件克服了洗浴过程中因玻璃光滑所产生的缺陷。

比较有趣的是，玻璃有一定的朦胧感，使人在沐浴时的风姿影影绰绰展露出来。

54 给客厅制造宽敞感

设计客厅时，制造宽敞的感觉是一件非常重要的事情，不管固有空间是大还是小，在设计中都需要注意这点。因为宽敞的感觉可以带来轻松的心境和欢愉的心情。

◎宽敞的空间，能带给人轻松的心境和欢愉的心情

55 玄关设计要注意

玄关是一个家很独特的空间，连接室内和室外，重要性不言而喻。因此设计玄关时需要注意几个要点：

一是间隔和私密性。进门处设置玄关，最大的作用就是遮挡人们的视线。这种遮蔽并不是完全的遮挡，而要有一定的通透性。

二是实用和保洁。玄关同室内其他空间一样，也有其使用功能，就是供人们进出家门时，在这里更衣、换鞋，以及整理装束。

三是采光和照明。玄关处的照明要亮一些，以免给人晦暗、阴沉的感觉。

56 小·户型设计宜曲线

小户型装修，能不做吊顶最好也就不做了。如果主人特别喜欢吊顶的设计，则最好选取曲线形式的吊顶，这样能让房间增添一些层次感，达到比普通直线形吊顶更好的效果。同样的道理，在一些配饰的选择上，主人也可以特意挑选一些从下到上逐渐变窄的设计或配饰，比如说一些梯形的物品，也能达到好的效果。

提供者：深圳市杨朝来，报社记者

57 客厅照明要最亮化

买了新房要进行装修，室内设计师的建议是，客厅应是整个居室中光线最亮的地方。也许在一些活动中（如看电视等）并不需要很亮的光线，但在其他的日常居住活动中，亮光是不可缺少的。据说客厅越亮，整个房子的空间视觉上会更开阔。

◎客厅是全家人活动的空间，明亮的光线能让人感觉更宽敞和愉悦

提供者：深圳市杨朝来，报社记者

58 巧妙使用超·小·家具

如果卧室不能放下一组木质衣柜，大可以用一两个小巧、色彩绚丽的简易衣柜来代替，放在房间角落或两件家具的宽缝中，不仅简单实用，而且搬运方便，可以跟着居室的变化轻松调整位置。

59 小户型色彩宜冷色

很多人的房子是属于小户型的，在装修上需要花了很多心思。做室内设计的朋友，他们给小户型屋子的装修建议是，刷上一些凸显个性的色彩。不过在色彩选择上也要注意，过于饱满和凝重的色彩，很容易让人产生压迫和局促的感觉。

相反，冷色调中比较鲜亮的颜色，对于小户型而言就显得恰如其分了，这些色彩能够带给人扩散、后退的视觉感受，让人觉得空间比实际更大一些，同样也能带给人轻松、愉快的心理感受。

如果运用恰如其分的色彩，设计出最适合自己风格的家，每天回家都会感觉好幸福。

提供者：深圳市蒋平，活动策划

60 客厅放镜子有风景

在客厅放一块镜子会有种独特的美感，也是一道风景线。而且现代的都市人生活观念更为简单时尚，身边很多朋友会选择用镜子替代墙上的相框，容纳了物、人、光、故事。并且空旷的墙面一不小心就会显得呆板，不妨挂上一两面设计简洁的长方形挂镜，简洁的长形挂镜让墙面有了灵动，也不会显得孤独单调了。所以不妨尝试在自家大厅立一块大镜子，不但有用，还能起到空间放大的视觉效果。

提供者：长沙市欧阳玲，护士

61 背景照明光线效果

背景照明的光线要使房间充盈着柔和、迷人的光线，令空间人性化。为获得理想的背景光线，现代的照明设计采用反射墙面和天花板的光线，这样就可以避免产生亮点，光线也不会在人的脸上产生阴影，从而达到令人满意的光线效果。背景照明的光线可以来自壁灯、吊灯或橱柜、梁柱等高处光源。

◎柔和、迷人的光线，能让空间看起来更温馨、更有家的感觉

清洁卫生

1 柠檬水清洗饮水机

饮水机一定要定期清洗，但是千万别用消毒水来清洗，因为残留液如果没有冲洗干净，对健康是非常不利的。那可以用什么来清洁呢？清洗饮水机有一妙招，即用柠檬水。首先把柠檬切成一片一片的，然后放在开水里面煮沸，用柠檬汁的水来擦拭饮水机，不仅能让饮水机非常干净，而且水里面还有一股清香的柠檬味。

◎柠檬不仅有清洁的作用，还有抗菌消毒、除臭的功效

提供者：深圳市李洁琼，家政员

2 清洁电视机的屏幕

电视机屏幕由于高压静电，极易吸上灰尘，影响图像的清晰度。在清理过程中如方法不当容易划伤屏幕，可用专用清洁剂和干净的柔软布团擦洗，能清除荧屏上的手指印、污渍及尘垢，或是用棉球蘸取磁头清洗液擦拭，最后一定要擦干电视机屏幕，也可用水清洗。但是由于屏幕由玻璃制成，为了避免清洗时因冷热骤变使屏幕受损，在清洗时，先要关闭电视机，切断电源，等待几分钟让屏幕冷却，才能开始清洗。

3 桌巾清洗窍门

桌巾沾到原子笔、油污时，在还未下水前将清洁剂倒在脏污处轻轻搓揉，最后再放入洗衣机清洗。清洗时不妨加一点醋可防止褪色。上面覆盖玻璃或软玻璃垫亦是维护桌布清洁的好方法。

4 清洁电视机的外壳

电视机外壳清洗比较麻烦，很多人都不知道该怎么洗。其实，电视机的外壳可以用水清洗，但抹布必须是半干的，即用手拧不出水来。清洁时，一般先切断电源，将电源插头拔下，用柔软的布擦拭，切勿用汽油溶剂或任何化学试剂清洁机壳。如果外壳油污较重时，可用40℃的热水加上3~5毫升的洗涤剂搅拌后进行擦拭。

5 地毯去污有妙法

地毯去污支两招：

一是面粉去污法。取面粉300克、精盐50克、石膏50克，用水调和。先将混合物加热并调成糊状，待冷却后切成碎块均匀地撒在地毯脏污处，然后用细软毛刷刷地毯绒毛，或用软布轻擦，最后用吸尘器吸去粉渣即可去污。

二是食盐去污法。先把盐末撒在地毯上，然后用在肥皂水中煮过的扫帚在地毯上来回扫，可以清除地毯上的灰尘。以上两招是从事多年保洁员工作积累出的经验，能有效清除地毯污渍。

提供者：深圳市罗新梅，保洁员

6 棉花沾煤油清洁时钟

家里的时钟长年累月的挂在墙上，拆下来里边的灰尘积得厚厚的，清洗起来挺麻烦的。推荐一法：将一团棉花，浸上煤油，放在时钟里面，不能接触时钟零件，将钟门关紧，过几天拿出。棉花上会沾满污物，钟内零件便被洗净了不少。如污物较多，要重换浸过煤油的棉花，再洗一次。按此法给家里的时钟清洗得很干净，省时又省力。

◎用棉花浸煤油除去时钟里的污渍，既简单又方便

提供者：深圳市杨金，保洁员

7 一招简单拔除螺丝钉

长时间没有拔出来的螺丝钉，可利用熨斗使螺丝钉因热而膨胀，待它冷却收缩时就容易用螺丝起子拔除了。若螺

丝钉生锈了，可用布沾碳酸饮料贴在上面，就可使它滑润松弛，拔除时就轻松很多了。

8 清除风扇上的油渍

风扇用久了上面都会沾上一层厚厚的油渍，影响风扇的使用功能。可以直接用抹布蘸取清毒液擦拭，然后用水冲干净就可以清除风扇上的油渍。也可以用纱布蘸取煤油来进行擦拭。

9 用醋清洗烟灰缸

如果家里有个老烟民，每天都要抽一两包烟，那么家里的烟灰缸就要经常清洗。烟灰缸清洗起来虽然不像刷牙杯子和水龙头那样费劲，可有时候，小部分顽固分子也够让人头痛的。清洗烟灰缸有个窍门：在烟灰缸里倒一些醋，10分钟后再清洗，烟灰缸便焕然一新了。

10 复合地板清洁妙法

根据地板材质，选择适合的地板清洁剂，依照脏污的程度，将适量的地板清洁剂倒入水桶内稀释，再用拖把由室内往门口的方向拖地。如果是角落或地板缝等不易清理的地方，可以用旧牙刷直接蘸地板清洁剂刷洗较难洗的污垢，或将地板清洁剂倒在抹布上，擦拭后再用湿布擦洗。如果想要有水磨石或大理石清洁过后那种光可照人的闪亮的效果，不妨使用具有水蜡配方的地板清洁光亮剂，使用后只要任其风干即可。

11 妙用牙膏清洁茶具

茶具用久了，杯子里面都会留下很厚的茶渍，很难清除。一般清洗茶具时，可以将柠檬皮放进茶具里，再加一些温水，过几小时之后再换一次热水清洗，就可以轻松清除茶渍了。

另外，也可以用牙刷沾上牙膏在茶杯里外抹一遍，然后再用丝瓜络或是海绵擦拭一下茶具就干净了。

◎用柠檬清洗茶具，茶具内还会留下柠檬的清香味道

提供者：北京市朱永，主持

12 巧除大理石铁锈斑

当大理石上有铁锈斑存在时，可使用5份草酸和100份水的混合溶液，加热至烫手后，擦洗铁锈斑。在铁锈斑去掉后，再用5%的氨水洗一遍，最后用水清洗即可。

13 清理滚轴窗帘妙法

将窗帘拉下呈平面，用布擦。滚轴通常是中空的，可用一根细棍，一端系着绒毛伸进去不停地转动，即可除去灰尘。

14 百叶窗不难清洗

清洗百叶窗时，可先把窗帘关好，在其上喷洒适量清水或擦光剂，用抹布擦干，即可较长时间使之保持清洁光亮。至于窗帘的拉绳处，可用一把柔软的鬃毛刷轻轻擦拭。

如果窗帘较脏，则可用抹布蘸些温水溶开的洗涤剂清洗，也可用少许氨水溶液擦抹。这样清洗后，家里的百叶窗就变得干净光亮了。

提供者：厦门市孙达，退休干部

15 洗涤灵兑醋清洗雨伞

雨伞用过一段时间后，伞面很容易弄脏，用刷子也洗不干净。可以试着往杯子里倒一杯底洗涤灵，再倒半杯白醋，然后兑水至杯子满，把液体搅匀，拿刷子刷了几下，轻松除去雨伞污垢。此法分享给多位朋友，用后都反映说效果不错。

16 天鹅绒窗帘的洗涤

把窗帘浸泡在中碱性清洁剂中，用手轻压，洗净后放在斜式架子上，使水分自动滴干，就会光洁如新。

◎洗净后的天鹅绒窗帘切忌用手拧干水分，以免其起皱，影响美观

17 妙用牙膏去冰箱污渍

一般家庭的冰箱都缺乏足够的清洁，会令冰箱的表面布满污渍。有个清

洁冰箱污渍的好办法，可以用牙膏清洁冰箱的外壳。先准备一块湿布，但注意不能太湿，再挤一些牙膏到冰箱表面，然后用湿布擦拭，比较脏的地方可以多用一些牙膏。这时，清洁后的冰箱外壳会焕然一新。

◎牙膏中含有二氧化硅，这种物质能起到清洁的作用

提供者：北京市燕良，保洁员

18 定期清理冰箱防霉菌

冰箱内的东西放久了，很多东西放在一起就很容易生霉菌，所以一定要定期处理霉菌才可以让食物的保质期变得更长。

首先，电冰箱内污染物应擦干净，不要让熟肉制品直接接触电冰箱内胆。其次，电冰箱暂时停用，应擦拭干净，不要把箱门关紧，应当留一定缝隙，使冰箱内潮气能够排出。

19 清除油污用面粉

不小心打翻色拉油时，不要急着用抹布擦拭，因为这样只会越弄越糟，反而不好清理。

这时可以在打翻的色拉油上倒上适量的面粉，待面粉充分吸油之后，再用厨房用的纸巾或抹布来清理，这样一来油污就不会沾得到处都是了，而且也更好清理。

20 厨房瓷砖油迹清除法

烹饪时飞溅到墙壁上的油渍，若未即时处理，时间一久，就会形成一点点的黄斑。建议喷一些清洁剂在墙壁上，再贴上厨房纸巾，约过 15 分钟后再进行擦拭。或是直接将少量的清洁剂倒在菜布上，擦拭黄斑后再用清水冲洗。至于瓷砖缝等较难清洗的地方，则借助旧牙刷刷洗较省力。

提供者：北京市刘兰，家庭主妇

21 萝卜可洗厨房台面

清洁厨房是一项艰苦而繁琐的工作，还必须经常进行。给大家分享一招快速清理厨房台面的诀窍：用切开的白萝卜搭配清洁剂擦洗厨房台面，将会产生意想不到的清洁效果。也可以用胡萝卜切片代替，不过白萝卜的效果更佳。

◎用萝卜来清洁厨房台面，既环保又无害

提供者：成都市綦伟刚，厨师

22 厨房瓷砖接缝处黑垢

首先在刷子上挤适量的牙膏，然后直接刷洗瓷砖的接缝处。牙膏的量，可以根据瓷砖接缝处油污的实际情况来决定。因为瓷砖接缝处的方向是纵向的，所以在刷洗的时候，也应该纵向刷洗，这样才能把油污刷干净。

23 用柠檬汁清洁门把手

柠檬含有分解污垢的成分，煮出的汁液可代替清洁剂，用作家庭清洁剂。用柠檬自制的清洁剂清洁门把手，轻轻擦拭，污垢就能清除掉。柠檬清洁剂方便省钱，安全环保，而且效果也不一定比买的清洁剂差。

24 用保鲜膜轻松除油渍

有经验的家政员，在厨卫清洁方面积累了几招：

清理厨房灶台油污时，可在厨房临近灶上的墙面上张贴保鲜膜。由于保鲜膜容易附着，加上呈透明状，肉眼不易察觉，数星期后待保鲜膜上沾满油污，只需轻轻将保鲜膜撕下，重新再铺上一层即可，丝毫不费力。

提供者：大连市干淑敏，家政员

25 清理门板有窍门

门板的一般污垢，可使用家用清洁剂，用尼龙刷或尼龙球擦拭，再用湿热布巾擦拭，最后用干布擦拭。肥皂或油脂凝结，可使用尼龙布擦拭，使用含甲醇的酒精或煤油喷涂凝结处，再用尼龙刷擦洗，最后用干布擦。印泥和标记可用湿热布巾擦拭。铅笔渍可用水及碎布和橡皮擦擦拭。毛笔或商标印可用布巾蘸上甲醇酒精或丙酮擦拭。油漆渍可使用丙醇或香蕉水、松香水擦拭。

◎酒精的主要成分是乙醇，当清洁剂使用时还可消毒

26 用面团除玻璃碎片

不小心打破玻璃，当玻璃碎片散落一地时，可以先将大片的碎片捡起，再用吸尘器将小碎片清理干净。不过，这种方法还是会有一些肉眼看不见的小碎片残留在地板上，非常危险。

遇到这种情况时，通常用面粉加一点点水做成小小的面团，将残留在地板上的玻璃小碎片粘起来，这样一来玻璃碎就能清理得很干净了。

27 墙面污垢面包清除法

厨房的墙壁常因附着油烟而变得油腻，很难擦拭。怎么办呢？厨卫清理有一个窍门：一般会用吃剩的面包来擦拭，取面包的柔软部分，就可将油腻物清除，此法省事又环保。

28 面糊涂洗厨房纱窗

厨房的纱窗容易沾满油渍，还很难清洗。这里教你一招：先取些面粉，再放些水，用力地搅拌，打成稀面糊。然后把稀面糊赶快涂在纱窗的两面，再把它抹均匀，等待 10 分钟，此时面糊已糊上了纱窗上的油腻物，再用刷子反复刷上几次，油腻就随面粉一起脱落下来了。

提供者：重庆市黎春慧，保洁员

29 竹筷标签冷冻后易除

买新鲜竹筷时，上面的标签很难撕下，用手抠会抠得筷子上脏脏的，如果先把它放在冷冻库冰过后再撕，会很轻松地撕下来。

30 清洗油烟机油盒

很多家庭都有这样的烦恼，厨房里抽油烟机的油盒是很难清洁的部分。其实，只要事先在油盒中灌入一些水，因油的比重比水轻，所以油滴自然就会浮在水面上，而不再像以往一样腻在盒子的四壁，清理时只要倒掉水和油就可以了。此法用于油烟机盒的清洗，简单又好用。

提供者：成都市贺小红，保洁员

31 电饭锅里外要清洁

因电饭锅内胆是不粘涂层设计，所以清洁用具应以木质及塑料器具为主。而清洁锅具时不仅要做到内外部都要用干布擦拭干净。另外，电饭锅底部也应清洁干净，否则会影响其通电发热。

32 锅底烧焦泡醋可除

卤肉不小心烧焦了，锅底结了一层厚厚的焦肉，洗不掉又很难刮掉，怎么办？将锅里注入 1/3 的醋，加 2/3 的水（水要能盖过焦黑的部分），加盖烧沸 5 分钟，浸泡过夜，再轻轻用汤匙一刮就可以把焦黑的底去除。

33 清洁烤箱用苏打粉

使用完烤箱，立即在污渍处撒下苏打粉，使污垢软化，再用海绵擦拭，或用水调苏打粉去擦拭，即可去除污渍。

34 除微波炉异味

关于除微波炉异味，有一个方法很实用，这里把此方法推荐给大家。

用玻璃杯或碗盛上一半清水，再在清水中加入少许柠檬汁或食醋，将玻璃杯或碗放入微波炉，用大火煮至沸腾。待杯或碗中的水稍微冷却，将其取出，再用湿毛巾擦抹炉腔四壁，吸净水分，这样就可以清除微波炉内的异味。

35 用盐去地毯上的汤汁

有小孩的家庭，每天都要进行大量的繁重的清洁工作。有时候，辛苦弄干净的地毯上，被小孩滴上了食物的汤汁，这时候千万不能用湿布去擦。应先用洁净的干布或手巾吸干水分，然后在污渍处撒些食盐，待汤被盐渗入吸收后，用吸尘器将盐吸走，再用刷子整平地毯即可。

提供者：东莞市梁颖，家政员

36 一杯水清洁微波炉

分享一个家政员的清洁小窍门。清洁微波炉时，将一大碗热水放在炉中，将水煮沸产生大量水蒸气，然后用抹布擦拭里面的油迹就可以了。也可以先用洗洁精擦拭一遍，再分别用干净的湿抹布和干抹布擦拭。

如果仍不能将污垢清除干净，可以用塑料卡片来刮除，但千万不要用金属片来刮，免得刮坏微波炉内壁。

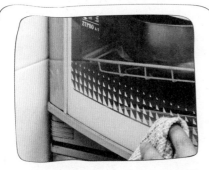

◎微波炉清洗完后，需待炉内湿气全部散发后再将门关上

提供者：北京市邱志强，保洁员

37 毛刷泡盐水清除污垢

刷衣服的毛刷使用久了，往往会堆积很多污垢，这时不妨将毛刷浸泡在浓盐水中约半小时，再用清水冲洗干净即可，而浸泡过浓盐水的毛刷也会变得更耐用。

38 猪油浸泡铁锅防生锈

高价买来的新铁锅，使用不久就出现锈迹。要避免新锅生锈，可在正式使用前放一块猪油在锅中慢慢加热，待猪油熬化后熄火，之后浸泡一夜，以后铁锅就再也不会发生生锈的问题了。此法是平时防铁锅生锈的小窍门。

39 热水瓶除垢白醋法

给热水瓶除垢时，一般采用白醋法清洗。先将白醋加热，倒入热水瓶内，盖上盖子浸泡一下，再用力摇动清洗，很容易就清除水垢。此法介绍给朋友使用，结果都很满意。

提供者：深圳市艾朝瑛，保洁员

40 菜板消毒撒盐法

菜板在每次使用过后，都要用刀将板面的残渣刮净，每隔 6~7 天都要在菜板上撒一层盐，这样不仅可以起到杀菌的作用，还可以防止菜板干裂。

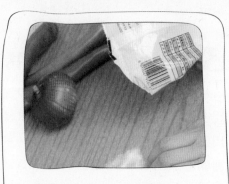

◎菜板也可放在太阳下晾晒消毒

41 小苏打清洗塑料油壶

用水稀释小苏打，灌入油壶内摇晃，或用毛刷清洗，再用少量食用碱水灌入摇刷，然后倒掉，最后用热的食盐水冲洗。这样洗涤塑料油壶，既干净又不会有不良反应。

42 小苏打粉除异味

两三天才倒一次垃圾，担心垃圾发臭吗？不用担心，只要在垃圾桶里撒上小苏打粉就不怕了。在每天的垃圾上先撒上一层小苏打粉，接着再扔新垃圾，就这样一层垃圾、一层苏打粉就不用担心会产生异味了。

43 清洁剂巧洗煤气灶

在清洗炉灶时，通常先将纸巾用浴厨万能清洁剂喷湿，覆盖在台面上，过一段时间后擦洗即可。再将炉嘴和炉架卸下，用毛巾轻轻擦拭后，用纸巾覆住，喷上清洁剂，过会儿再清洗，即可干净。这方法既简单又好用，很多人都试用过。

提供者：北京市赵燕燕，保洁员

44 清洁瓦斯毛巾覆盖法

清洗瓦斯炉时，先将其喷湿，然后用毛巾蘸上清洁剂覆盖在上面，过 20 分钟再清理即可。至于瓦斯炉的炉嘴、炉架的清理，应先将炉嘴和炉架卸下，以软毛金属刷轻轻擦拭，再以家用纸巾包覆住，并喷上一些清洁剂，过一会儿即可清洗。

提供者：宁波市陈晓萍，图书管理员

45 铁锅油垢巧去除

铁锅使用久了，锅上积存的油垢难清除掉，如果将新鲜的梨皮放在锅里加水煮一会儿，油垢就很容易清除了。此法是给铁锅除油垢的常用老窍门，感觉很有效，不妨一试。

46 新不粘锅的保养

新的不粘锅在使用前可先倒入少量的食用油并用干布反复擦拭，放置 40 分钟后再冲洗干净。另外，日后使用时也应选择木制器具，而不用金属百洁布及金属球清洁，以免破坏其不粘涂层而影响不沾效果。

◎如果不保护不粘锅的涂层，不但锅越来越难以清洁，还会引起健康问题

47 锅具清洗时要洗底层

大多数人洗锅子有只洗表面不洗底层的习惯，其实这是不正确的。因为锅子的底层，常会沾上汤汁，若不清洗干净则会一直残留在底层，久而久之锅底就越来越厚，锅变得愈来愈重，日后也一定影响炒菜的火候，所以一定要正反面一起洗净。

48 面袋的清洗窍门

千万不能在冷水中直接清洗盛过面粉的口袋，否则，面粉就会沾在口袋上。很多人就用上面的错误方法，导致更难洗掉。最好是用蒸洗或煮洗，就是将面袋放在笼屉里干蒸，或放在锅里水煮 10 分钟，待面粉熟了，取出，放凉水中用肥皂洗，就干净了。

提供者：深圳市张玲，文案

49 水蒸气易除面盆面垢

面盆边缘积存着的坚硬面垢，不易除掉。若将面盆放在大蒸锅内，用水蒸气熏蒸一会儿，便可轻松除去面垢。

50 菜板洗烫消毒窍门

菜板用完之后，一般只把菜板上的残留污渍清洗干净。其实这样简单的冲洗还不够，细菌并不能清除掉，宜要用100℃的开水来洗烫，这样冲洗过的菜板是绝对不会再有细菌了。菜板天天要用来切菜，在清洁杀毒方面一定不能嫌麻烦。

51 葱姜巧去菜板毒

菜板用久了不仅会滋生细菌，而且还会产生一种怪味，可以用生姜和生葱来擦洗菜板，不仅可以消除菜板上的细菌，而且可以去除菜板上的异味。

52 养植物消除室内异味

吊兰、芦荟、虎尾兰能大量吸收室内甲醛等污染物质，消除并防止室内空气污染；茉莉、丁香、金银花、牵牛花等花卉分泌出来的杀菌素能够杀死空气中的某些细菌，抑制结核、痢疾病原体和伤寒病菌的生长，使室内空气清洁卫生。

53 软布蘸煤油擦镜子

小镜子或大橱镜、梳妆台镜等有了污垢，可用软布或纱布蘸上些许煤油或蜡擦拭。切不可用湿布擦拭，否则镜面会模糊不清，玻璃易腐蚀。

54 餐具洗涤更放心

餐具每天用洗涤剂清洗，很可能会影响身体健康。有个窍门，可以用45℃左右的热水，加入餐具洗涤剂，将餐具置入水中浸泡1~2分钟，然后认真刷洗餐具的表面，检查餐具的洁净情况，如不洁净的需进一步刷洗。洗涤后的餐具应置入清水中，最好使用流动水清除餐具上残留的洗涤剂。

◎用流动水清洗餐具上残留的洗涤剂后，最好再用温水冲刷一遍

提供者：广州市吴明亮，医生

55 巧用柠檬去除烟味

家有吸烟者十分令人头痛，有时候烟味还会飘到卧室里。不妨将柠檬（含果肉）切成块放入锅里，加少许水煮成柠檬汁，然后用喷雾器喷散在屋子里，就能达到除臭效果。

◎柠檬汁液不仅能消除房间里的臭味，还能让房间弥漫着淡淡的清香

56 黄金首饰去污

黄金首饰表面如果有黑色银膜，可用食盐 2 克，小苏打 7 克，漂白粉 8 克，清水 60 毫升，配制成金器清洗剂。将金饰放入清洗剂中，2 小时后再取出，用清水漂洗金饰，埋在木屑中干燥，用软布擦拭即可。盐和醋混合成清洗剂，用它来擦拭纯金首饰，可使其历久常新。牙膏擦拭或用滚热的浓米汤擦洗，也可恢复黄金首饰光泽。

57 奥地利式窗的清洗

清洗花边窗其实不难，有一简单快速的方法。清洗时，先要用衣物吸尘器吸除灰尘，然后用一把柔软的羽毛刷轻轻扫过。但一定要小心，别将装饰花边弄破或弄歪斜了。

提供者：成都市周婷，保洁员

58 麻质窗帘洗涤法

麻质窗帘用海绵蘸些温水或肥皂溶液、氨水溶液混合的液体进行擦抹，待晾干后卷起来即可，此法省时省力。

59 清洗电热毯

洗电热毯时，不能像洗衣服、床单、被套一样搓洗，更不能拧干，也不能全部浸泡在水中。应在脏污处，用毛刷蘸上一些中性洗涤剂轻擦。如沾上墨水、血迹等脏污时，可参照清洗纺织物污渍的各种方法。

但应记住只能在污渍处擦洗，而不能大面积地泡在水中清洗。

提供者：成都市武力友，保洁员

60 酒精除电脑手印

很多人由于工作原因，经常要用电脑，发现电脑总是不知不觉中就粘上了很多手印。此时，可用棉花或纱布蘸酒精少许，轻轻擦拭即可除去。

由于酒精挥发性很高，在擦拭过程中便完全干燥，对电脑没有任何影响。用此法擦拭屏幕无数次了，真的很好用。

61 摄像机如何清洁保养

切勿使用酒精、苯等一切有机溶剂清洁摄像机，以免造成外壳字迹溶解。清洁机器外观时可以用湿布。清洁镜头以及液晶屏时可以使用镜头纸，在清洁前应将镜头及液晶屏表面的灰尘先吹掉。

清洁机芯时，可以将带仓打开，然后用皮吹子（照相器材商店有售）将机械部分的浮尘吹掉。经常清洁机芯可以有效地减少录制后图像失落现象的发生，提高图像质量。

62 电脑键盘的清洗

当电脑键盘不好用时，将键盘拆开看看，这时会发现有很多脏东西在里面，要清理掉这些脏物可用无水乙醇把所有的面板、键帽和底板擦一遍，再用专用的清洗剂对其进行擦拭，直到干净为止。

63 茶包可除电话筒异味

电话用一段时间之后，话筒的部分经常会有一股臭臭的味道。用一方法即可除异味：先用酒精擦拭消毒，并且在话筒处放个茶包，就能有效去除异味。

提供者：成都市丁锦，大学生

64 吹风机轻松去标签

买礼盒送人时，价钱标签很难撕掉，用手抠会抠得黑黑脏脏的，反而更难看，如果用吹风机吹热一下再撕，会很轻松地撕下来，不留一点痕迹。

65 手表内潮气消除法

手表受潮了，可以试试用卫生纸（或湿绒布）包裹手表，放在电吹风附近吹烤半小时，就可使得表内水蒸气排除干净。照做后，果然手表里的水汽很快消失掉了。

66 用冰块可除口香糖

有些孩子喜欢吃口香糖，一不小心会弄到地毯上，粘在地毯上的口香糖很不容易取下来。可把冰块装在塑料袋中，覆盖在口香糖上，约 30 分钟后，手压上去感觉硬了，取下冰块，用刷子一刷就可刷掉口香糖了。

67 清洗浴缸小诀窍

由于浴缸和盥洗盆这两个地方容易残留皂垢，可在上面喷一些浴厨万能清洁剂，再用抹布擦洗一遍，就能恢复原有的光洁度。注意，不论是何种材质的浴缸或盥洗盆，最好都不要使用菜瓜布或硬质刷子或去污粉刷洗，以免伤害表面材质。

◎为了防止残留浴厨万能清洁剂，可用抹布擦洗后，用温水再冲洗一遍

68 给洗衣机清洗杀菌

非金属内胆的洗衣机放入含有效氯 300~500PPM（PPM 即百万分之一）水溶液，开启 3~5 分钟后排尽。金属内胆洗衣机放入含量为 0.5%~1% 的戊二醛溶液浸泡 10~15 分钟后排尽。由于霉菌对温度很敏感，在 35℃的水中生存率已很低，在 45℃的热水中几乎为零，所以用 45℃的热水清洗亦可有效杀灭霉菌。

69 清除卫生间异味

下面几招有效清除卫生间的异味。

一、在抽水马桶上放一些干燥的橘子皮就可以除去令人尴尬的臭味了。

二、将晒干的残茶叶在卫生间燃烧熏烟，就能除去污秽。

三、可以在厕所里划一根火柴，让其充分燃烧后丢在马桶里。火柴中的磷成分燃烧后可有效去除厕所里的异味。

四、把一盒小香精或者是 1 小杯醋放在卫生间的角落，也可以清除异味。

提供者：北京市邵彩云，保洁员

70 拆洗花洒巧除阻物

花洒容易被水中的石灰垢堵住，因此，最好能将长淋头拆下，用旧牙刷刷洗喷水头，并用粗针从里头清除阻塞物，才能让淋水正常。

71 轻松擦净浴室镜子

室里的镜子由于长期处在潮湿的环境中，或洗浴时会产生一层雾气，使镜子模糊不清。

直接用抹布是擦不干净的，必须先在镜子上涂上一层肥皂或洗发液，再用干燥的抹布擦干，镜面上形成了一层肥皂液膜，镜子又重新恢复了清晰。也可以在洗澡之前先在镜子上涂上一层洗发液，镜子上就不会沾上雾气了。

◎浴室镜子使用起来有很多诀窍，你知道多少

提供者：成都丁锦，大学生

72 面粉清洁石膏装饰

家庭摆设的石膏装饰品上的灰尘，可以先用毛刷掸去上面的浮尘，然后取一些面粉加适量清水调成糊状，用毛刷涂在石膏装饰品上，待涂上的面粉糊晾干后再用干净的刷子将其刷掉，积尘就随着面粉脱落而下。

提供者：成都市丁锦，大学生

73 用醋刷除牙杯污渍

除刷牙杯污渍，有一好招：把少量的醋倒在刷牙杯的杯底，使杯底的污渍完全浸泡在醋里，半小时之后，就会发现，积聚在杯底的污渍轻而易举地就被清洗掉了。

74 卫生间下水道除味

卫生间的下水道异味让人很烦恼。怎么去掉呢？首先，检查下水道是否通畅，有无异物影响排水。如果有堵塞，可以往下水道里倒适量的碱，这对去除管道内的油脂和铁锈比较有效。其次，如果下水道没有堵塞，但是却返异味，可以利用水密封原理，用薄塑料袋装上清水，封紧袋口，放在下水道的口上盖严，起到封闭气味的作用。此外，最好同时保持下水道口的碗状存水结构中存有清水，这样，更能有效阻止异味冒出。

75 去除玻璃上贴纸妙法

玻璃上的贴纸很难清除，可以先用小刀刮除贴纸，然后再用风油精擦净残迹即可。此法应用过很多次，除去贴纸的效果很好。

◎玻璃上的贴纸一旦贴上，要弄掉十分麻烦

提供者：上海市马红萍，人事经理

76 窗台加水防白蚁

傍晚时刻或是更晚时，常会有些白蚁闯入家中，当你发现白蚁入侵时，千万别犹豫，赶紧拿些水倒在窗轨上，这样一来，白蚁就不敢入侵了。原因很简单，因为白蚁的翅膀一遇到水即无法动弹。

77 妙招疏通下水道

每个人都遇到过下水道堵塞的情况，很多人束手无策只有请专业疏通下水道的师傅来急救了。有几个小妙招不用找师傅，自己来就行。

厨房下水道发生堵塞时，可将打气筒的胶管塞入下水道，再放入少量清水，不断地向里打气，管道就能疏通。

先把半杯熟苏打粉倒入下水道，再倒半杯醋，苏打与醋中的醋酸发生反应后就能去除管道中黏糊糊的东西。

78 清洁发霉大理石

南方天气潮湿，很多人用了大理石做洗漱台的台面，日子久了，就会发现大理石里面有很多黑色的污迹，怎么也清洁不到。其实那是水和污渍进入大理石的缝隙里，形成的霉斑。

你只需要拿少量漂白水，稍稍稀释后，用干净的抹布沾上漂白水来擦洗，几分钟后，大理石内的霉斑就消失不见了。这方法简单有效，你也试试吧。

提供者：南京市林芬，家庭主妇

物品收纳

1 墙角充分利用巧收纳

墙角往往是一个被人们忽略的角落，其实只要选择了合适的家具，墙角也能变废为宝。

放个可以沿对角线折叠的小方桌是您用来改造墙角的好帮手。折叠起来后，它就变成了富有情趣的小角桌，在使用的同时，还可以装饰墙角。展开后，它就成了小方桌，吃饭、工作时都可以使用。

◎利用一个小置物架，就可以放置很多杂物，节省空间

2 门后空间巧利用

门的背面也是一个很好的收藏场所。打开门就可以看见需要的东西，站着就能拿到物品，真省事啊！开关门的时候，存放的物品如果摇摇晃晃，就会产生裂痕，门也会有伤痕。因此门后应放轻的、不易碎的物品。

3 针类物品磁铁收藏法

有婴儿的家庭一定要注意大头针、图钉、发夹等针类物品的收藏方法。

建议把这些细小东西放在有盖的密闭容器中，盖严实。如果在瓶子底部用黏合剂粘上一块强磁铁就更放心了，这样，即便是孩子把盖子打开了，里面的针类物品也拿不出来。

提供者：深圳市叶汝红，小学教师

4 巧用搁架增加收纳空间

搁架是拓展小户型空间最简单的方法，多层搁架的设计可以成为家居收纳的好帮手。推荐采用可调节式的收纳搁板，这样可以充分利用沙发背景墙空间，根据自己不同需求和造型划分安装即可。这种隔板的运用，可以使墙面变得更具有层次感，整个空间的时尚感瞬间上升。

5 利用 U 形架巧收纳

U 形的架子有很多种，因此要确认放在下面的物品的高度后再购买。可以根据需求，把 2~3 个 U 形架并列连接，就可以做成 1 个大架子了。U 形架子上放 1 个茶盘，里面可以摆放面粉等食物，下面放重的物品。

6 冰箱创意收纳

冰箱是比较隐蔽的杂乱场所，不妨试试下面的方法，让你的冰箱整齐有序。

多使用置物盒或收纳盒。小东西或瓶罐，可使用置物盒或收纳盒先分门别类再集中管理，如调味料、果酱、奶油、食料等。

收纳架的使用。冰箱内有效地使用收纳架可增加许多空间。如使用餐盘置物架就可将餐盘堆起来，还可以多收藏几盘了。在冷藏蔬果时可将蔬果直立起来，放在蔬果收纳架内，不仅能保鲜又能避免相互压挤。

7 拉篮收纳调味品

把调味品集中放在细长的拉篮上，这样拿放非常方便。再用几个小盒子将抽屉隔开的话，拉出来时就不容易倒。抽屉铺上专用的垫子，放在上面的物品就会很稳定。用拉篮收纳调味品很方便，建议采用。

提供者：深圳市陈意红，小学教师

8 炊具应统一摆放

利用资料架或者网状盒子将炊具或较小的洗涤用品整理到一起，这样就会很容易取放，打扫时也非常轻松。

9 药品及绷带巧收纳

密闭容器完全可以作为药箱使用。密闭容器具有防潮功能，储存的药品不会变质，特别是软膏或消毒药品等外用药，放在别的地方容易洒落或破碎，在密闭容器中保存绝对安全。

10 使用床底储物盒

很多人都觉得卧室的空间太小不够用，有一招可将床下空间的利用进行到了极致。在传统的床下添加抽屉储物的基础上，还可以选择富有怀旧氛围的床底储物盒。

现在，就可以把冬天用的厚重的被褥、枕头等放入藤编搭配钢质盒框里，置入床下，可避免把其放入高处不稳而掉下砸人的危险，竹藤外观更是为您带来西方乡村的气息和几分夏意的凉爽，让您的卧室看起来是那么与众不同。

11 增加架子拓展空间

厨房的锅碗瓢盆等零碎物品特多，若不做分类整理就会很杂乱。建议利用架子归类摆放，且还能挪出空间。

架子是厨房里一个较好的储物方式。如果做吊柜费用太高，或使厨房空间过满，那么就可以用架子来解决。比如用三脚架把微波炉架起来，就可以让台面的可用地盘变大了。

提供者：深圳市王丹，室内设计师

12 悬挂式彩虹文件夹

拥有一个可以专门用于工作的储藏柜，可以令办公区域整洁许多，但许多印在纸上的资料和文件，需要有条理地收纳起来并且便于查找。

推荐使用具有彩虹般颜色的文件夹，可带来充满活力的视觉效果，七彩颜色也可以令工作时的心情更加愉悦。将这样的一组文件夹用小夹子固定在架子上，贴上分类的标签，挂在储藏柜的横杆之上，是利用储藏柜空间的巧妙方法之一。

13 浴室收纳妙招

可以使用浴室用的转角架、三脚架之类的吊架将其固定在壁面上，放置每日都需要使用的瓶瓶罐罐等盥洗用品，或是用合乎尺寸细缝柜收藏一些浴室用品、清洁用品。马桶上的空间可以用浴室专用的置物架增加马桶上方的置物空间，放置毛巾及保养用品等。这些都是很好的空间创造法，可以让卫浴空间更井然有序。

14 自制首饰收纳盒

首饰这些小东西很难收纳，有一妙招，用自制首饰盒轻松搞定小首饰收纳。

可以在名片盒里塞满海绵，就可以用来收藏耳环、项链等首饰了。此法方便简单，很实用。

15 巧用密封塑料袋

由于密封塑料袋有拉链，里面装的物品就掉不出来。塑料袋本身也很结实，不仅可以装厨房用品，还可以用来装其他的小件物品，特别适用于存放发票、收据、标签、邮票等。可以按品种和大小进行分类，然后立着放在有格子的箱子中，贴上标签或物品清单，一眼就能知道里面装的是什么，用起来就更方便了。

16 零碎物品归类收纳

小部件是厨房里最碍眼的东西，别看个小，却非常占地方。建议不如把这些小东西都分门别类用盒子或托盘集中放置，找起来会很方便。

可以买来一些大小不一的收纳盒，将厨房的零碎全收纳进去，果然厨房变得整洁开阔了。

17 多功能储物家具

选择1个多功能储物桌，放在卧室里就成为存放贴身内衣的好地方。合上盖子，又可成为脚凳。而把它放在客厅中，可作为收纳额外的毯子、靠垫或是其他春夏季用不到的小东西。盖上桌面，就成为一个别致的咖啡桌了。

18 票据收纳小窍门

票据不好整理。建议花不到5分钟的时间，做一个专门收纳的盒子，这样就能方便平时的随时查阅了。

方法如下：将牙膏盒敞平，将朝上的那一面开1个盖子，就可以将票据整齐放入了。或是将牙膏盒竖起，头部切开，用双面胶贴在柜子或墙壁上，也就可以直接放票据了。

提供者：深圳市赵小雪，家政服务员

19 巧用家具扩大空间

选用组合家具既节省空间又可储放大量物品。家具的颜色可以采用壁面的色彩，使房间空间有开拓感。选用具有多元用途的家具，或折叠式家具，或低矮的家具，或适当缩小整个房间家具的比例，都会产生扩大空间的感觉。

节能环保

1 给电视机省点电

现在人都讲究环保，很注重节能省电。电视机是每天都要开着，为了省电也做可以做下面的功夫。

首先，控制好音量的大小，音量越大，耗电越多。

其次，要控制电视机的亮度，彩电在最亮和最暗时耗电功率相差 60 瓦。再次，给电视机加上防尘罩，据说机内灰尘太多就可能造成漏电，增大了耗电量。

最后，不看电视时最好关闭总电源开关。

◎控制电视机的音量、亮度等，不仅能省电，还能保护听力和视力

2 适当给空调减耗

不要贪图空调的低温，温度设定适当即可。因为空调在制冷时，设定温度高 2℃，就可节电 20%。

选择制冷功率适中的空调。制冷功率不足或制冷功率过大的空调都会造成空调耗电量的增加。

空调要避免阳光直射。在夏季，遮住日光的直射，可节电约 5%。

出风口保持顺畅。不要堆放大件家具阻挡散热，增加无谓耗电。

过滤网要常清洗。太多的灰尘会塞住网孔，使空调加倍耗电。

3 减少开关冰箱门更节能

平时往冰箱存取食物时，尽量减少开门次数和开门时间。因为开一次门冷空气散开，压缩机就要多运转数 10 分钟，才能恢复冷藏温度。

提供者：深圳市钟燕萍，金划专员

4 电饭锅节电技巧

电饭锅是现代家庭必备的电器。这里讲几个电饭锅节能的技巧：

电饭锅节电首先要保持它的内锅和热盘接触良好，经常保持清洁，保证传热好。另外，当电饭锅自动断电的时候，要及时把插头拔掉，可以充分利用它的余热，假设不拔掉插头的话，当电饭锅温度低于70℃的时候，它会自动启动，反而费电了。

提供者：深圳市钟燕军，企划专员

5 食物存放与冰箱节能

冰箱是很耗电的，但如果懂得巧妙存放食物，在一定程度上能给冰箱节能。比如，水果、蔬菜等水分较多的食品，应洗净沥干，用塑料袋包好放入冰箱。以免水分蒸发加厚霜层，缩短除霜时间，节约电能。还有，冰箱存放食物要适量，不要过多过紧，影响冰箱内空气的对流，食物散热困难，影响保鲜效果，增加压缩机工作时间，使耗电量增加。夏季制作冰块和冷饮应安排在晚间，晚间气温较低，有利于冷凝器散热。夜间少开门存取食物，压缩机工作时间较短，可节约电能。

6 巧置冰箱能节能

消费者应将电冰箱摆放在环境温度低，而且通风良好的位置，要远离热源，避免阳光直射。摆放冰箱时顶部左右两侧及背部都要留有适当的空间，以利于散热。这样冰箱会减少耗电量。

◎冰箱应摆放在通风、阴凉的地方

7 擦干餐具让消毒柜省电

用完的餐具必须洗干净，擦干后才能放进消毒柜，不能承受高温的餐具放进低温层，这样才能缩短消毒时间和降低电能消耗。如此既能保护消毒柜，又可以省电。

提供者：河源市丁锦，文秘

8 电脑省电有招

电脑用于听音乐时，调暗彩显亮度、对比度，或者干脆关掉彩显。尽量使用硬盘，因为硬盘速度快，不易磨损，一开机硬盘就开始高速运转，不用也在运行中。不用电脑时，应选择进入休眠状态。不具有节电功能的电脑，一般可以通过按机箱背后的 turbo 键，强行降低运行速度，以达到节电目的。

另外，要经常保养电脑，注意防尘、防潮，保持环境清洁，定期清洁屏幕，可以达到延长机器寿命和节电的双重效果。

9 加热电熨斗省电

将一只电熨斗放在已接上电源的电磁灶上，稍等片刻，即能加热到适用熨烫衣服的温度。由于这样加热的热效率高，比直通电源加热省电，而且安全。

10 电热水器省电四招

一要设定合适温度。夏天的洗澡水不需要像冬天那么热，因此把电热水器温度设在 60~80℃，这样可减少电耗。二要选择合适容量。应根据家庭人数及用水习惯选择合适容量的热水器，不要一味追求大容量，容量越大越耗电。三

洗澡最好使用淋浴。因为淋浴比盆浴更节约水量及电量，可降低 2/3 的费用。热水器温度设定要合理，开停时间要根据实际需要确定。四要设置保温状态。如果您家里每天需要使用热水、并且热水器保温效果比较好，那么您应该让热水器始终通电，并设置在保温状态，这样不仅用起热水来很方便，而且还能达到省电的目的。

11 洗衣机节水妙法

从洗衣机的正常洗涤程度和节约程序判别，水、电、时间是成正比的，减少漂洗次数和时间要从洗涤剂的质量及功能上入手。低泡洗涤剂在洗涤过程中产生的泡沫少，清除泡沫快，可减少漂洗次数，省水、省电。夏天衣服脏污程度不高，可以适当少放洗涤剂，以减少漂洗次数。此外，洗涤前先将衣物在洗涤剂中浸泡 20 分钟时间，根据其脏污程度来选择洗涤时间等做法，都能省水省电。用洗衣机洗少量衣服时，水位不要定得太高，衣服在高水位里飘来飘去，衣服之间缺少摩擦，反而洗不干净，还浪费水。

提供者：长沙市卞子安，退休干部

12 吹风机如何省电

建议把头发尽量擦干些再吹，这样不仅可以缩短吹发时间，还能降低头发受损。

科普一下小知识，夏天不要在开着空调制冷的房间内用吹风机，还应保证吹风机的进、出风口畅通，以免阻碍冷热风的流通。

◎吹风机是女性必不可少的生活用品

提供者：深圳市钟燕军，企划专员

13 数码相机节电

数码相机吃电能力很强，如果使用的是不匹配的电池或不注意节省，电池就会在没拍摄几张照片时已耗尽。使用数码相机时，有一些巧妙办法可节省电池用量。

比如尽量避免不必要的变焦操作。闪光灯是耗电大户，因此避免频繁使用闪光灯。在调整画面构图时最好使用取景器，而不要使用液晶屏幕。

提供者：北京市王景庭，摄影师

14 手机关机巧省电

应该适时关掉手机，这样既能给手机省电又能起到一定的保护作用。睡觉时要关机。睡觉时把手机关掉，用呼叫转移接到家中固定电话上，久而久之就减少了手机充电的次数，也就减少了电能的消耗。信号弱时关机。在网络信号不存在或极其微弱的地方使用手机，会大大消耗手机电池的电量，因此在这种情况下应关闭手机。

◎智能手机的广泛应用，让我们终日离不开手机

15 小·鱼缸变花瓶

角落里的鱼缸，因为早已不养鱼而废弃不用，其实它也并不是因为金鱼而生的。擦干净它的灰尘，让它变成鲜花的容器吧。找两片足够长而且宽大的叶材，叠在一起利用张力紧贴在鱼缸的内壁，将新鲜的花朵按照自己喜欢的形式插在两片叶子中间，注意高低的搭配。同样，鲜花会因为叶子的张力而被固定住。再在鱼缸中加水，直到可以让花的茎部底端补充水分的地方，一个惬意的设计就完成了。

16 用易拉罐巧做烟灰缸

易拉罐是现在最常用的饮料包装材料，一般喝完饮料，饮料罐也就随手丢掉了。其实小小易拉罐也有它的新用途，做起来又简单又方便，也不用什么工具，只要一把剪刀即可。喝完饮料的易拉罐，首先要洗干净。然后将罐子在顶部1/3处剪开两边，修一下毛边，修平整点就行了。接着围着罐子均匀地剪开它，不过不要太长。再将剪好的边一片一片地翻下来，像花儿一样。最后将顶部的1/3罐子，也按刚才的方法剪好。折好了，放在一起。烟灰缸就完成了。

17 巧制拖把

旧毛巾、旧衣物可以收集起来，改造成拖把，具体的做法是：利用坏拖把的棍子，把脏的那一头用毛巾裹起来，要紧密一些，毛巾的一头略长于棍子头，用结实的绳子，在距离棍子头6~7厘米的地方把旧毛巾绑牢，把毛巾长端折向棍子头，折出来的毛巾要和原来就长于棍子头的毛巾齐平，然后用结实的绳子固定牢就行了。

18 保鲜膜内筒 DIY

简易笔筒：用小刀将保鲜膜内筒切割出来，要记住高度一定要比所放的物品短，然后再用橡皮筋把这些内筒绑在一起，就制成一个简易笔筒了。

简易贮物筒：可以将小孩子的奖状和画，毛笔这类容易丢的东西放在内筒里面，然后两端盖上塑料薄膜，用橡皮筋封口就行了。

简易滚毛发筒：橡皮筋绕在内筒上3~4圈，在粘有毛发的布上滚捻，这样毛发就全部缠在橡皮筋里面了。

提供者：长沙市卞子安，退休干部

Part

4

服饰篇

逛街选购衣服本是一件快乐的事情，可是，在众多的服装店里，要挑到既能满足需要，又适合自己的衣服却不是一件容易的事。买了衣服以后如何搭配，如何清洗和保养，如何熨烫收纳，也是一门学问呢。读了本章的小窍门，你一定会受益匪浅，面对衣物的选购、清洗和保养、收纳等工作，也能轻松驾驭。

服饰选购

1 真假丝绵鉴别有招

现在市面上有好多的仿真丝产品，简直可以以假乱真。真假丝绵的辨别行业内是有招的。

眼观法：好丝绵的颜色呈乳白色，上面会有少许未拣净的薄茧片，色泽纯白，否则一定是假货。

手摸法：好丝绵的丝细柔绵软、极易粘手，因此，不粘手的就一定是假货。

火烧法：好的丝绵经火烧后，会发出火烧动物毛发似的臭味，且被烧的纤维会结成黑色疙瘩，用手轻轻一捏就会粉碎。

提供者：杭州市张克健，布料商

2 挑选羽绒服看细节

羽绒服能够提供很好的保暖效果，挑选羽绒服的秘诀要从细节上做起。

看含绒量：羽绒服一般以含绒量越多越好。可将羽绒服放在案子上，用手拍打，蓬松度越高说明绒质越好，含绒量也越多。

看绒色：羽绒有纯白绒和花绒两种。若选购浅色面料的羽绒服，应选内装纯白绒的，否则穿在身上有污秽感。

看面料：羽绒服有多种面料。全棉防绒布料表面有一层蜡质，耐热性强，但耐磨性差；防绒尼龙绸面料耐磨耐穿，防绒性好，但怕烫怕晒。

看做工：选购羽绒服时，要看缝合处是否结实，有无漏绒现象；拉锁、铜扣是否完整、顺畅；羽绒服里面是否平整等。

3 仿羊皮服装优劣识别

辨别仿羊皮服装的质量有两种方法：

一观感。好的仿羊皮服装表面不大光亮，涂层上有小颗粒花纹，酷似真羊皮，严寒天气表面没有霜迹。

二触感。料质厚薄均匀、柔软、具有弹性，用力拉伸变形不明显，即使是严寒天气，用手触摸仍无发硬、发凉、潮湿感。这样的仿羊皮服装透气性好，防风、耐寒力强。

总之，质量不好的仿羊皮服装，质地发硬，涂料厚薄不均匀，布基质不完全符合标准，做工粗糙，而且大多无正规生产厂家名称，无明确商标。只要认真观察，就能辨出真伪。

4 一摸二拍鉴出腈纶棉

你买到的羽绒是正品吗？辨别真假羽绒有以下方法。

摸一摸：腈纶棉假羽绒制品一般是在腈纶棉上铺一层羽绒，所以购买时可用手里里外外仔细地摸一摸，如一面能摸出一些毛梗，而另一面则非常柔软平滑，这种产品多半就是假冒产品。

拍一拍：用双手从里面和外面同时拍打羽绒制品同一部位的填充物，如果是真羽绒制品，受拍打的羽绒就会集中起来，而另一部分的羽绒就会减少，对着阳光一照就会透亮。如果是掺有棉絮或者腈纶棉的假羽绒制品，就不会出现这种情况。

5 查观摸羊绒衫选法

羊绒质量好坏一眼就能看出来。现教大家几招怎么挑羊绒衫：

一查，产品的商标、吊牌、尺码标、合格证、备扣、备线、包装盒（袋）等是否齐全。

二观，质量上乘的羊绒衫外观光泽柔和，绒面丰满，毛型感强，其表面有一层细绒，横向纵向线圈密度均匀。

三摸，羊绒衫手感柔软、轻暖、滑糯，富有弹性、丰厚性、柔和性，使人体皮肤没有刺痒的感觉。

提供者：苏州市钟纪凌，丝绸店老板

6 选保暖内衣四步曲

为了防止目前保暖内衣市场上各种陷阱，在选购保暖内衣时一定要做好摸、听、试、选四步曲。

摸：手感柔顺、无异物感的产品说明其用料较好。

听：选购时只需轻轻抖动或用手轻搓，听一下有无沙沙声，如果没有这种声音，说明可能不含 PVC 塑料膜或者用料处理得较好。

试：试其穿在身上是否有臃肿、迟滞的感觉，各关节的活动是否自如。

选：应选购实力雄厚、信誉良好的企业的产品，确保购买后无后顾之忧。

7 泳衣得依据身材来挑

很爱游泳、平时也常泡温泉的人，会对泳衣的款式颇有讲究。

其实泳衣要根据自己的身材来挑：小胸身材，建议剪裁巧妙的泳衣，无带抹胸，塑形的材料和迷幻的图案，让小胸也自信起来。大胸身材，建议有肩带以及带钢圈的支撑性良好的泳衣，让你在打沙滩排球时也不会尴尬。丰腴身材，建议高腰泳裤，遮掩肚子突出腰围，完善你的曲线。H形身材，建议剪裁突出腰围的泳衣，露出肚子两侧的皮肤，造成玲珑的视觉效果。倒三角形身材，建议抹胸式比基尼，泳裤则越突出越好，把别人的注意力吸引到你的平坦的肚子和健美的双腿上。梨形身材，建议泳衣的胸罩亮眼一点，让焦点在上半身。葫芦形身材，是最理想的身材，穿什么都好看。

提供者：苏州市师惠，店员

8 识别兔毛衫真伪妙法

市场上兔毛衫很多造假，消费者怎样分辨真正的兔毛衫呢？通常兔毛衫的真伪辨别有以下几点：

一般真正的兔毛衫外露有一层雾罩似的茸毛，茸毛比较直、长、硬，而且有光泽，毛头向外伸。而伪品的兔毛衫是用一种未染色的白纤维代替兔毛，这样的毛衫外露的茸毛弯、短、软，毛头不外伸，没有光泽，而且看上去没有雾罩的感觉。以上鉴别兔毛衫的小常识，供大家参考采用。

提供者：苏州市陈帆，服装店店主

◎兔毛衫的结构组织以平面为主，也有提花、绞花、抽条组织等

9 挑选合身牛仔裤三法

牛仔裤是衣柜里不可或缺的单品，该怎么挑牛仔裤才能显高又显瘦？以下是挑选牛仔裤的方法：

一看腰部。牛仔裤的裤腰处应该稍显宽松，这样的裤子穿起来也更舒适，因为它可以为你在坐下的时候留出余地。

二看裤腿。牛仔裤的裤腿应该选择肥瘦合适的直腿裤。肥瘦合适是指在坐下时大腿处的裤腿稍稍有一点儿松。

三看裤脚。牛仔裤的裤脚可以选择经典的锥形裤和直腿裤，裤脚应该在鞋面最高处以下 2 厘米左右的地方。

10 胸罩面料很重要

胸罩是保护乳房、美化乳房的女性物品。在选择胸罩时，型号应与自己的胸围及乳房大小相适应，太紧了会影响乳房发育，太松了又起不到固定作用。胸罩的面料要选择柔软、有承托力、透气性好的，一般以薄棉布为最佳。尼龙布胸罩虽具有华丽、弹性好的优点，但透气性差，夏天最好少用。胸罩的背带不能太细太窄，应有两个手指的宽度，以免损伤皮肤。

挑选一款合适的胸罩，对女性外形塑造和乳房健康至关重要

提供者：杭州张洁，产科护士

11 穿牛仔裤提臀美腿

牛仔裤一直是时尚百搭单品，很多女孩会用各种款型的牛仔裤搭配衣衫。有几个搭配心得：

如牛仔裤搭配修身针织上衣和高跟鞋，可显身材；格子七分牛仔裤搭配休闲的靴子，个性又时尚，再搭配可爱的白衬衫，散发出清纯文静的学生气息；灰色的竖条牛仔长裤搭配休闲高领针织衫，显得干练帅气；多兜牛仔裤让身材高挑的美眉也多了几分帅气，搭配格子衬衫和高跟鞋会增添几分柔情。

12 不同阶段婴儿装

初生婴儿应穿有袖的绒布对襟或斜襟短衫，并包裹在绒或棉的褙褓中。2 个月以上的婴儿除穿对襟短衫外，还可穿一种睡囊式的连衣裤，以使婴儿活动自由。5~6 个月大的婴儿，除穿短衫外，还可穿连衣裤、裙、背心等，外出要穿戴帽斗篷或坎肩。10 个月以上，就可穿满裤了。婴儿服装的面料应柔软、保暖、轻松、耐洗，可用棉布、绒布、棉针织品等。色彩以本色、白色、浅色为好。婴儿服装的式样以宽大、方便、牢固、轻巧为好，一般可做成和尚服。

13 选衣领看脸形

有女孩是衣领控，衣柜里有各种款式的衣领，平时也爱研究衣领和脸形的搭配度。挑选衣领的经验有：

选衣领时，应考虑与自己的脸形相配。圆脸形应选用荸荠领、V字领衣服，可显脸长。长脸形应选用高领、六角领、一字领、方领等，视觉上有缩短脸部的作用。方脸形应选用细长的V字领、小圆领、西装领或高领，以增加脸部的柔和感。三角脸形应选用秀气的小圆领或缀上漂亮花边的小翻领，以使脸部看起来较为丰腴，也可选用细长的尖领或大敞领，以使脸部显得不那么尖削。

◎根据自己的脸形选择衣领，可以扬长避短，彰显自己的美丽与个性

提供者：成都市王建华，模特

14 皮鞋的挑选要诀

男人对鞋的热衷就如女人对化妆品的喜爱一样，从春夏到秋冬都会备上适合各个季节的皮鞋。分享一些挑选皮鞋的选购方法：

一、根据脚的长度和肥瘦来选皮鞋的尺码和鞋型。

二、检查皮鞋表面是否平滑细致，无皱纹和暗伤，颜色均匀光亮，用手指按一下皮面，皮面皱纹细小，放手后细纹消失，说明皮鞋弹性好，是用好皮料做成的。

三、检查皮鞋的鞋面与底黏合处是否坚固、均匀。四、看两只鞋的长短、宽窄是否完全相同，鞋跟高矮是否一致，试穿时应不卡脚。

提供者：上海市马飞，服装设计师

15 选择适体西装

选择一套适合自己体形的西装款式需考虑以下因素：

衣领必须十分平整，不能有皱纹或突起。胸部应贴身平服，不能起皱，翻领不应翘起或塌下。站立后两手垂直，手心向内贴在西装的两边，手指轻握西装下摆，下摆应正好在拳掌线上。裤子的正常腰身应在肚脐上一点，并与地面呈水平，不能前低后高。检查腰部，蹲下再起立，以臀部感到平滑舒畅为合身。裤边不要拖地，但可稍长些，以防缩水。

◎西装穿后最好挂起来存放，折叠放易出现褶皱

16 运动鞋要穿适脚的

运动鞋穿起来要适脚，不要让人感觉到不舒服；底部要厚、柔软、弹性好，能轻松地做各种运动；好的运动鞋大多是气垫式的，能更好地减少地面对人体的反作用力，更好地保护关节和心脏；鞋帮应有一定的高度，这样可有效地减少踩、扭伤等损伤；鞋面应给人柔软随脚的感觉，新鞋也不应有紧绷绷的感觉，这点是很重要的。

提供者：深圳市艾蓉蓉，设计师

17 好穿优质的旅游鞋

到大商场或专卖店购买品牌旅游鞋，品牌产品质量一般比较好。选购时一定要两只脚试穿。不同鞋的鞋型和款式不同，各种鞋的标识也不一样，因此不能光认鞋号而不试穿。而且人的左右脚的大小是不一致的，在早晚也有差异，因此试穿时一定要两只脚都试。

选择质量比较好的旅游鞋。从鞋面上看，用指头压下去，如果纹路比较细致、均匀，出现像芝麻般大小的细褶，感觉富有柔韧性和弹性，说明鞋子质量比较好。选购旅游鞋时，一定要仔细观察鞋子的做工是否精细。

◎质量良好的旅游鞋，脚感舒适，透气性好，还能保护脚掌

18 选配纽扣有技巧

纽扣的选择必须和服装式样、衣料质地相协调。较薄衣料应配小而粗的纽扣；粗厚衣料，纽扣可相应大些。需经常洗烫的衣服，最好选用聚酯扣，因为它遇水不变形，遇热不损坏。纽扣的颜色应与服装颜色接近，但黑色和白色纽扣则可以和任何颜色的衣料相配合，纽扣颜色和衣服颜色形成强烈对比，会另有一番情趣。

19 小·腿较粗巧选靴子

有些女孩小腿比较粗，很苦恼穿哪种靴子能很好修饰腿型。选对靴子，可以很好修饰腿型：如果小腿粗，在挑选靴子的时候最好舍弃皮质坚挺的款式，特别是小马皮这类质料。应挑选伸缩性佳、可顺着腿形伸展的质料，例如小牛皮制成的超级柔软的美丽靴型。挑适合自己腿型的靴子，腿型还变好看了。

提供者：惠州市孙媛，服装搭配师

20 适合脸形的帽子

圆脸戴圆顶帽，就显得脸大、帽子小。如戴宽大的鸭舌帽就比较合适。尖脸的人戴了鸭舌帽就显得脸部上大下小，更显瘦削，因此戴圆顶帽比较合适。国字脸的人戴所有的帽子都比较合适。

◎一顶好帽子，不但能让头部保暖，还能大幅度提升形象和气质

21 运动衣物的选择

运动服装已成为大家室内及户外的必备生活品之一。合适的运动服，不仅舒适、美观，而且能让身体在运动中避免伤害。

运动服要考虑到季节和环境温度的变化。夏天穿很薄很轻盈的运动服就可以了，但秋冬天的运动衣物需兼顾保暖和排湿，使身体感觉舒适柔软。运动服的选择要根据面料和环境的因素，比如健身、跑步、登山等运动所需衣物都有不同侧重点。还有运动服装的搭配要兼顾自己的体形、肤色等因素。再就是一双个性、舒适的运动鞋也是搭配中必不可少的。

服饰搭配

1 直筒微喇修饰腿型

腿粗和腿短体型的人穿裤子最好选择直筒或微喇型的，后身没有口袋，前面口袋最好是斜口的，而且裤腿部分不要有横线修饰。窄腿脚的裤子虽然流行，但它只会使您的缺点更加突出。

2 让双腿看起来更修长

平时爱穿裙子的女孩，一年四季都会穿不同类型款式的裙子。适合自己的裙子不但漂亮，还能修饰腿型，穿对了会让腿看起来更修长。建议为了双腿看起来更修长要避免穿着蓬起的裙子，应选择 A 字裙，或者随身体动作摆动的裙子，如褶裙、圆裙，以转移别人对腿部的注意力。另外，尽可能穿着与裙子同色调的袜子和鞋子。统一的色彩，可以造成修长感。

提供者：惠州市孙媛，服装搭配师

3 掩饰略粗的手臂

年纪增长的女性，会发觉两手臂比以前粗了不少。建议手臂变粗后的女性，应尽量减少手臂皮肤暴露，实在要凉快，就可以穿有一点短袖的那种，但一定不要选灯笼袖。而略宽松的中袖，不但可使粗手臂变得修长，也可掩饰过分粗胖的手臂。

◎手臂较粗的人应尽量减少手臂皮肤全面暴露，例如吊带类的服装等

提供者：北京市谢敏，会计

4 靴子与服装的搭配

靴子和衣服搭配有很多讲究，穿对了就能给形象加分。比如平底靴最好搭配薄裙子，高跟靴最好配上裹得很紧或有开衩的裙子。这有1个比例问题，裙子越宽大，靴跟应该越平；裙子越窄，靴跟应该越高；裙子越长，靴跟也应越平。一般穿靴子最好不穿袜子。最理想的是裙子和靴子中间留出一段皮肤，穿中筒靴时，可穿中长袜，或不透明的长筒袜。

提供者：北京市唐薇薇，前台文员

5 职场服饰搭配法

服饰体现出一种礼貌和个人气质，在职场工作中，应选择符合环境和礼节的服饰。第一，恪守服装本身约定俗成的搭配。例如，穿西装时应配皮鞋，而不能穿布鞋、拖鞋、运动鞋。第二，选择服装应综合考虑自己的体形、肤色、年龄、职业等多种因素，衣着要适合自己的身材，要整洁、自然、大方，穿在身上应自我感觉良好。第三，服装必须整洁，勤换、勤洗、勤熨衣服，不仅自己穿得舒适，而且能产生一种视觉美，给人一种朝气蓬勃、奋发有为的感觉。

6 梨身形的穿衣窍门

窄胸肥臀的梨身形，此乃东方女性的常见身形，整体上可利用颜色的搭配来改变观感，上身穿浅色或鲜艳的衣服，而下身则相反。爱穿裙子的话，不妨挑选略宽松的连衣裙，但不是A字裙。

◎好身材是先天的条件，巧妙的穿着是后天变身的美丽法宝

7 你应懂得服饰配色法

漂亮女人不仅要学会服装搭配，还要懂服饰配色。

同类色相配法：指深浅、明暗不同的两种同类颜色相配，比如青色配天蓝，墨绿配浅绿，咖啡配米色，深红配浅红等，同类色配合的服装显得柔和文雅。

近似色相配法：指两个比较接近的颜色相配，如红色与橙红或紫红相配，黄色与草绿色或橙黄色相配等。近似色的配合效果也比较柔和。

强烈色配合法：指两个相隔较远的颜色相配，如黄色与紫色，红色与青绿色，这种配色比较强烈。强烈色的配合会给人青春活泼的感觉。

补色配合法：指两个相对的颜色的配合，如红与绿、青与橙、黑与白等，补色相配能形成鲜明的对比，有时会收到较好的效果。

◎同色系搭配，能让人显得文雅柔和；强烈色搭配，能让人显得青春活泼

8 浑圆身形的穿衣窍门

全身裙、过松或过紧的衣服都不适合您，不妨利用配饰和腰带来营造曲线。但要选择小巧的款式，避免宽阔和夸张。

硬挺的面料特别适合小胖的女生，解开扣穿外套也是显瘦的好办法哦。

修身效果显著的长风衣更为职业化，双排扣能够很好地分散人们对身材曲线的注意。

黑色当仁不让还是首推的颜色啦，

显瘦的必备法宝。

鲜艳颜色容易引人注意，可以突出你比较满意的部分，别的部位还是低调遮掩为好。

9 妙用丝巾搭配变身

如今方巾越来越受潮人们的青睐，用一条小方巾可以玩转出各种时尚小搭配。用丝巾搭配衣服，简单的一条丝巾配上款式简单的衣裙，有时会让人眼前一亮。其实，方巾颜色的选择，应以肤色为准，要挑选与肤色相配，且衬托出脸部神采的方巾。具体做法是：将方巾贴近脸部，观察方巾的颜色是否有辉映脸部神色的效果。注意，色彩深沉单调的方巾易给人神色黯然的印象。

◎用丝巾做装饰时，丝巾的色彩不仅要与服装的色彩相和谐，还要与肤色相配

提供者：深圳市蔡雅慈，设计师

10 秋冬怎么搭配黑色

秋冬时，大多数人都会选择穿黑色系衣物，那该怎么搭配更好？建议可以这么搭：红色呢质大衣搭配黑色高领毛衣，再配上黑白格子西裤，红色的热情与黑白结合很完美，既大方又时尚。黑色高领衫搭配高筒靴，很显气质，风格也独特，这种醒目、简洁的裁剪与色彩构成对比，同时与硬朗质感混合，表现出了淑女的深度诱惑。

11 西装的搭配之道

西装搭配也有学问，领带、衬衫、皮带、鞋子、袜子等一样都少不了，并且怎样挑选都是有方法的。

领带：领带长度要合适，打好的领带尖端应恰好触及皮带扣，领带的宽度应该与西装翻领的宽度和谐。

衬衫：领型、质地、款式都要与西装协调，色彩上注意和个人特点相符合。

皮带：穿单排扣西服套装时，应佩戴窄一些的皮带；穿双排扣型西服套装时，则佩戴稍宽的皮带较好；深色西装应配深色腰带；浅色西装配腰带在色彩上没什么限制，但别系嬉皮风格的。

鞋子：黑色或深棕色系带皮鞋是不变的经典，浅色鞋子只可配浅色西装，休闲风格的皮鞋配单件休闲西装。

袜子：宁长勿短，袜子颜色要和西装协调，深色袜子比较安全，浅色袜子配浅色西装。

◎搭配一身整体和谐的西装，能增加端庄干练的气质

12 秋冬针织衫混搭风衣

近几年，街上的人都爱简约的灰色低领毛衫，腰带装饰，外套紧身合体的风衣，这样可更显身材的曲线，另外缠绕的围巾增添时尚气息。冬季是针织衫和风衣控的季节，常见的搭配有：镂空毛衫内衬衬衫，配驼色的风衣更显精致；白色低领毛衫配复古腰带，装饰搭配黑色风衣更显成熟；黑色针织连身裙搭配驼色风衣更显优雅；灰色短款针织衫搭配直筒裙适合职业女性；合体的黑色风衣穿出帅气。

提供者：广州市马依旻，大学生

13 白皙皮肤适合的衣服

大部分颜色都能令白皙的皮肤更亮丽动人，色系当中尤以黄色系与蓝色系最能突出洁白的皮肤，令整体显得明艳照人，色调如淡橙红、柠檬黄、苹果绿、紫红、天蓝等明亮色彩最适合不过。另外，以较重的黄色加上黑色或紫罗兰色的装饰色，或是紫罗兰色配上黄棕色的装饰色对白肤色美女也很合适。

◎淡蓝和白色的搭配让人感觉很素雅，很适合肤色白的美女

14 偏黄肌肤适合的衣服

皮肤偏黄的人适合穿蓝色调服装，例如酒红、淡紫、紫蓝等色彩，能令面容更白皙。但强烈的黄色系，如褐色、橘红色等色调的服装最好不要穿，以免令面色显得更加暗黄无光彩。

15 小麦肤色适合的衣服

小麦肤色往往代表着健康，是当今时尚潮流所追捧的一种肤色。拥有这种肌肤色调的女性给人健康活泼的感觉，黑白这种强烈对比的搭配与她们出奇的合衬，深蓝、炭灰等沉实的色调，以及桃红、深红、翠绿等这些鲜艳色彩最能突出开朗个性。

提供者：惠州唐灿华，网络推广员

16 深色皮肤适合的衣服

皮肤色调较深的人，宜穿暖色调的弱饱和色衣着；适合一些茶褐色系，令你看来更有个性；亦可穿纯黑色衣着，以绿、红和紫罗兰色作为补充色。这种类型的女子可以紫罗兰配上黄色、深绿色或是红棕色、黄棕色配上深灰色。此外，深灰二色，配上鲜红、白、灰色，也是相宜的。墨绿、枣红、咖啡色、金黄色都会让你看来自然高雅，相反蓝色系则与你格格不入，最好别穿蓝色系的上衣。

提供者：长沙市杨乐，演员

清洗熨烫

1 洗涤用品忌混用

日常生活中，不少人会把不同类型的洗涤剂混合在一起用，或者把洗涤剂与消毒剂混在一起用，以为这样能增加去污效果，既可以消毒又能够去污。事实上，这样混用不仅不能增强其去污效果，反而会产生对抗作用，降低洗涤效果，还可能使混用的洗涤剂发生化学反应，产生对人体有害的毒性物质。

2 新衣服须用盐水清洗

新衣服买回来，建议用食盐水浸泡清洗后再穿。新衣服上可能残留防皱处理时的致癌性化学药品——甲醛。食盐能消毒、杀菌、防棉布褪色，所以在穿新衣服之前，须先用食盐水浸泡清洗。

3 怎样洗毛衣不会硬板

用洗衣粉洗毛衣，毛衣干了之后就会很硬板，穿着不舒服。如果用洗发水清洗就不会出现这种现象。因为洗发水是根据头发的需要配制的，毛线又是用动物的毛纺织而成的，用洗发水洗过的毛衣会变得柔软、光滑。

◎毛线里含蛋白，遇碱会变硬，洗发水含碱少，洗出的毛衣不缩水，还很蓬松

4 皮衣变硬了如何回软

皮衣、皮帽等毛皮制品，水湿或受潮后，皮板往往变硬，甚至折裂掉毛。出现这种情况，可用芒硝1千克，籼米粉500克，加冷水1500毫升，化开制成溶液。把毛皮皮板向上平铺在桌案上，先喷洒冷水，使皮板湿润，然后用刷子蘸取上述配好的溶液，均匀地涂刷在皮板上，刷好静置2~3小时，再做第二次

涂刷，如此重复3~5次，至溶液浸透皮板为止。晾干以后，再均匀搓揉，皮板就会重新变得柔软而富有弹性。

5 洗涤衣服应按哪些步骤

洗涤衣服最好按以下步骤清洗，既能把衣服洗得干干净净又不损坏衣物。第一步：贴身穿的衣服因为常沾有汗渍，所以换下以后应该把衣服由里向外翻出，让它彻底变干。第二步：尽量用液体洗衣剂，固体洗衣粉一旦不能彻底溶解，其成分必将对衣服外部造成损伤。第三步：衣服如果有拉链，应把拉链拉上，以免拉链暴露在外，扯坏洗衣机里的其他衣物。第四步：材质特别娇贵的衣服尽量用手洗，轻揉轻搓，自然晾干。

6 衣领袖口如何清洗

衣领袖口是比较难洗的地方，使用洗衣液、衣领净、洗衣皂，甚至漂渍液都洗不太干净。这里有个清洗衣领袖口的窍门：洗涤时应先将衣服充分浸泡，在衣领、袖口处均匀涂上一层牙膏，用毛刷轻刷1~2分钟；或在衣领、袖口上搓一些盐末，轻轻揉洗，然后用清水冲洗一下，就会很干净。也可在洗净晾干的衬衫衣领、袖口上，先用粉扑沾上婴

儿爽身粉扑打几下，再用电熨斗轻轻地压一压，接着再扑打几下爽身粉，以后下水洗涤时，可轻易洗净。

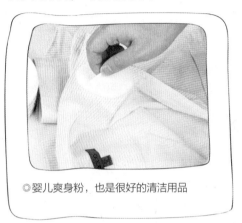

◎婴儿爽身粉，也是很好的清洁用品

提供者：北京市谢敏，会计

7 刺绣衣物清洗法

刺绣衣物很容易会洗坏，给大家支个招：先用湿毛巾或手帕在刺绣不明显的地方摩擦一下，测试会不会掉色。如果刺绣的部分会掉色，这件衣服就得请专门的洗衣店来清洗了；如果刺绣的部分不掉色的话，只要比照一般手洗衣物来处理就可以了。

提供者：深圳市郭迎新，银行柜员

8 T恤圆领不再变形

圆领 T 恤的领一般是螺纹领，有不错的弹性，但如过分拉扯，容易使螺纹难以回复，洗涤多次后就会导致领圈变形。要防止领圈变形，主要还是平时要注意洗涤技巧，晾晒时将衣架从衫脚处伸入 T 恤，不要用力拉扯圆领。

9 有色衣服保养要诀

有色衣服洗涤时应用冷水或温水，擦上肥皂后应马上洗涤，泡久了会损失颜色。质料较好的有色衣服不能用刷子刷，以防掉色；厚料衣服刷洗时，下面的垫板应平滑，以防使颜色深浅不匀。不能在太阳下暴晒，以阴干为好。熨烫时最好烫反面或盖一块布烫，以防过热而掉色。衣服易磨损处应用袖套、椅垫、围裙加以保护。雨天晾衣服不易干时，应避免火烤，以防衣服出现绿块，影响美观。

10 快速处理毛衣起球

毛衣起球真的很烦人，有两个行之有效的方法，可以尽量减少、防止毛衣起球。洗涤时把毛衣里朝外，减少毛衣表面的摩擦度，可防止毛衣起球。或者用洗发精洗毛衣，可使毛衣柔顺自然。

如果毛衣已经起球了，最简单的办法就是用那种宽的黏性好的透明胶粘，这是一个比较常用的手动去球的办法。

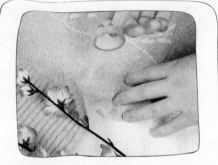

◎用透明胶粘贴掉毛衣上的球，既简单方便又实用

11 熨烫可去呢服尘土

呢子衣服穿的时间长了，表面上附着一层尘迹，显得很脏，越拍打表面的附尘越多。对此，有一个方法可以解决：

可先将衣服稍稍拍打一遍，然后用一块干净的湿布蒙在衣服上，用烧热的熨斗把衣服烫一遍，这样衣服表面的尘土就没有了。用这个方法可以把家里的大衣表面的尘土都清理干净，大家不妨试试看。

提供者：深圳市陈笙，家庭主妇

12 正确洗内衣不变形

内衣需要常保持干洁如新，洗涤内衣时需要注意以下问题。

不要用洗衣机洗涤内衣。任何内衣都禁不起洗衣机强烈的转动，用洗衣机洗内衣不但会变形，也容易失去弹性，而且洗衣机中的衣物也可能会将内衣精制的网眼钩破。

洗内衣时要先把内衣泡在有冷洗精的水里，轻轻地搓揉，两三下即可洁净。没有加钢丝的胸罩可以用毛巾将内衣轻轻地绞干，有钢丝的胸罩就只能用毛巾轻压胸罩，将水吸干，但是千万不要将杯罩对折拧绞，以防止杯罩变形，待水分吸干一些后，稍稍将内衣整理恢复原形再晾干。

13 洗睡衣用温水

睡衣最理想的洗涤方法是用温水及中性洗涤剂，以轻按的方式手洗。应先将洗涤剂放入 30~40℃的温水中，待洗涤剂完全溶解后，才能放下衣物。洗涤剂不能直接沾于睡衣上，以避免造成颜色不均匀。千万不要使用漂白剂，含氯漂白剂会损害质料并使睡衣变黄。用手洗净后在阴凉处晾干，日晒易使睡衣变质、变黄，令其寿命缩短。

14 泳衣最好马上洗

在海里游过泳以后，游泳衣必须立即清洗干净，因为海水里面含有盐分，游泳池里面也有氯素，如果放置不管的话很容易褪色。

其实清理游泳衣的方法很简单，首先把泳衣轻轻地用温水冲洗，然后回到家之后用中性洗涤剂手洗，就可以拿到通风好的地方阴干。

游泳之后，泳衣里会沾上很多沙粒，晾时抖开衣物，用手指轻轻地弹掉沙粒即可。

提供者：北京市杨明明，摄影师

15 内衣晾晒不变形

内衣如何晾晒，有一好方法，能让内衣不易变形。晒内衣时，最好将内衣倒着夹，然后置于通风处自然晾干，这样杯罩就不易变形。如果没有衣夹，也可以将内衣以对折的方式晾干。除此以外，市面上有的衣架专为晾内衣供对折晾的地方，将内衣晾在此种衣架上也可起到保护内衣的作用。

提供者：福州市李艾雅，网络编程

16 妙用醋熨平裤子

衣服长时间叠放，下摆或裤脚、衣袖上会形成死褶。对此，可用醋沿着褶纹擦拭，再用熨斗熨，就很容易把褶纹烫平。熨裤子时，若在折线上铺一块浸泡过醋的布，然后再用熨斗烫，就会笔挺。此外，直接用醋弄湿裤子的折线再烫也可以。

17 熨烫衣领的一些心得

衬衫要经常熨烫，比较繁琐，有一些熨烫技巧帮到你。比如衣领的熨烫，将衣领平摊在熨衣板上，按压下去。从衣领的一边向内（颈部后面）熨。衣领的背面也要熨烫一遍。不论圆形、尖形还是方形，在整烫时注意不要把它拉开变形，最好是固定形状再熨烫。有领片的，不要将领褶线烫死，在熨烫以后，趁它温热时，用手翻折轻压，这样领片看起来会比较活。

提供者：深圳市陈蓝，家庭主妇

18 用透明胶水熨平衣领

衬衫穿过几次，领子即打皱变软，可在洗净的衬衫领子后面均匀地涂上无色透明胶水，使其湿透，待 1 小时后用电熨斗熨平即可。

19 熨领带的最佳温度

熨烫领带时，熨斗温度以70℃为佳。毛料领带应喷水，垫白布熨烫；丝绸领带可以直接熨，但熨烫速度一定要快，以防止出现极光和黄斑。

熨领带时，可先按其式样，将厚一点的纸张剪成衬板插进领带正反面之间，然后用温熨斗熨烫。这样不容易使领带反面的开缝痕迹显现到正面，影响正面的平整美观。如果领带有一些轻微的褶皱，可将其紧紧地卷在干净的酒瓶上，隔一天褶皱即可消失。

20 补救烫黄的衣服

熨衣时，常会因不慎将衣服烫黄或烫焦，影响美观。出现这种情况怎样补救呢？

棉织物：烫黄时可马上撒些细盐，然后用手轻轻揉搓，再放在太阳底下晒一会儿，用清水洗净，焦痕即可减轻甚至完全消失。

丝绸：烫黄时可用少许苏打粉掺入水调成糊状，涂在焦痕处，待水蒸发后，再垫上湿布熨烫，即可消除黄斑。

呢料：烫焦部位经刷洗后，会失去

绒毛露出底纱。可用手缝针轻轻摩挑无绒毛处，直至挑起新的绒毛。再垫上湿布，用熨斗顺着原织物绒毛的倒向熨烫数遍，即可复原。

化纤衣料：烫黄后要立即垫上湿毛巾再熨烫一下，轻者还可能恢复原状，严重烫伤，则只有采用相同颜色布料缝补。

21 衣裤巧熨烫

熨衣裤时，建议先在垫布或墨纸上喷洒上一些花露水，然后再熨，据说会使衣服香味持久。

还有一个窍门，可使衣服熨后富有光泽，即在熨衣服时掺入少量牛奶。

提供者：深圳市陈兰，家庭主妇

22 选择哪种熨烫方式

干热熨烫：适宜熨烫棉、混纺、麻等衣物。非常干燥的衣物，则在表面用雾气轻微润湿后再进行熨烫。

蒸汽熨烫：适用于羊毛制品、针织制品等。用电熨斗轻触衣物然后喷出蒸汽。如果要熨烫出折线，先用垫布置于上面，然后熨烫。

23 真丝冻一冻熨得更好

洗过的真丝衣服，一般很难熨平，有一妙招能把真丝熨好。可把它装进尼龙袋，放入电冰箱内冻上片刻，取出来再熨，效果就会很理想。

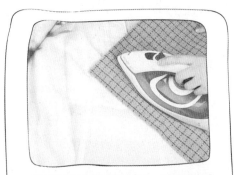

◎不同面料承受的温度不同，真丝衣物需要盖上一块湿布后再熨烫

24 熨烫应注意三个要点

熨烫应注意3个要点：

最重要的是温度，温度要符合衣服标签上的说明。

熨烫衣服时不要用太大力，只要像手握鸡蛋那样的力量就行了。

给衣物加湿要均匀。

25 让熨烫过程更顺滑

熨斗用久了，会变得不够顺滑，使得烫过的衣服还是有许多小皱纹。

可以在干净的毛巾上滴几滴无臭的油类（如色拉油）或蜡，然后用熨斗烫几下就行了。这样处理过的熨斗，不但让衣服服帖，推烫起来也省力一些。此法非常奏效。

提供者：深圳市陈茎，家庭主妇

26 熨烫衣物温度不同

熨烫衣物时，根据衣物材质不同，设置不同的温度，非常重要。纤维织物耐热性差，湿温达到80℃时，纤维强力降低，因此只宜干烫。涤纶、锦纶、腈纶和人造纤维等中厚织物，熨烫温度在140~150℃比较合适；熨烫同类浅色薄型织物时，温度在130℃左右；丙纶织物不超过100℃；氯纶织物不超过70℃。熨烫时压力不要太大，熨斗要不停移动。

提供者：苏州市赵蓝芳，花艺师

27 夏装巧收藏

衣物在收藏前要做一些准备工作，比如柜子要清洁、衣物入箱前应晾干、熨烫过的衣服要等凉后再收存等。衣服上如果有金属饰物、金属纽扣，应取下单独收存比较好，免得金属饰物、饰品氧化会损坏衣物。夏天的衣物虽然大多轻薄易叠，但脾气禀性不一样，有的柔弱怕压，有的好侵染邻居，把它们一股脑儿堆在一起，可能会互相侵犯，所以在收藏时要把容易褪色、变色的衣物挑出来，用纸袋或塑料袋包好；针织衣衫用衣架挂起来容易变形，最好叠起来存放；丝质衣物怕压、易生皱又不好熨烫，它们理所当然要踩在棉麻、的确良等织物的上面。如果是把夏季衣物集中收藏装箱，最好选择1个晴朗干燥的天气，这样可以减少湿气入箱。

◎湿气入箱，很容易导致衣物在储藏的时候受潮发霉